AGATA TOROMANOFF

건축가들이 디자인한 의자들

Spacetime

CONTENTS

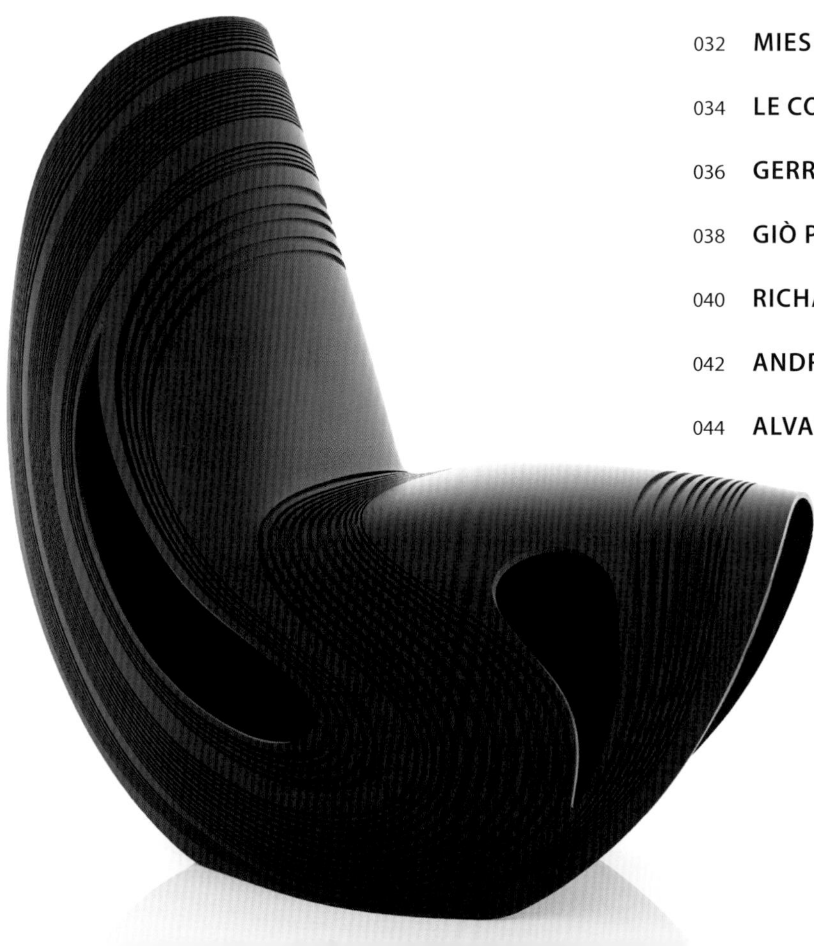

INTERVIEWS

'의자는 양식과 기술적인 변화를 보여주는
중요한 표식이 되어왔기 때문에,
영향력을 지니고 싶은 건축가와 디자이너들은
자신의 자격을 증명하기 위해서 적어도 하나
이상의 뛰어난 의자를 디자인해야 했다.'

Deyan Sudjic, *Fifty Chairs that Changed the World*, 2009

INTRODUCTION

19세기 초기부터 건축가들은 의자와 가구의 다른 속성들을 자신의 디자인 레퍼토리에 접목해 왔다. 혁신적인 본 책에서는 건축가들의 가장 대표적인 건축물과 의자 디자인을 나란히 소개하며, 그들의 작업을 관통하는 주제와 표현방식을 더 분명하게 보여준다. 그 관계성과 유사성은 대부분 놀랍고, 흥미로운 질문들을 떠올리게 한다. 무엇이 건축가가 디자인한 의자와 가구디자이너가 만든 의자를 구별 짓는가? 왜 건축가는 의자를 디자인하고 싶어 했나? 건축물에 사용했던 참신한 방법을 가구 디자인에 적용하는 게 가능할까?

본 책은 건축물에서 보이는 특징이 어떻게 건축가의 의자 디자인에서도 분명하게 보이는지, 또한 어떻게 가구의 속성이 매니페스토처럼 특정 건축 양식의 특징이 되었는지 보여준다. 여기에는 일찍이 영향력을 떨친 카를 프리드리히 싱켈(p.10)과 찰스 레니 매킨토시(p.24), 20세기 중반의 모더니즘 운동 중심인물로 미스 반 데어 로에(p.32), 르 코르뷔지에(p.34), 찰스 앤 레이 임스(p.54), 그리고 동 시대의 인물 중에는 다니엘 리베스킨트(p.88), 자하 하디드(p.92), 토마스 헤더윅(p.116) 등 총 55명의 건축가들이 담겨있다.

프로필은 제조, 판매, 수집과 같은 주제에 대한 디자인 분야의 전문가들의 인터뷰가 동반됐다. 인터뷰에는 살아있는 동안 주요 건축가 중에 하나였던 데이비드 아자예(p.122); 아주 많은 건축가들과 공동작업을 한 세계적인 기업, 크놀의 데이비드 이 브라이트; 디자이너이자 가구 판매자인 지브 아람(p.132); 시카고에 위치한 라이트 옥션 하우스의 대표, 리차드 라이트; 건축가의 디자인 의자 중에 가장 유명한 원형들을 영구 소장품으로 다수 소유하고 있는, 비트라 디자인 뮤지엄의 소장품과 아카이브 책임자 수잔나 그래너(p.150)가 함께 했다.

ARCHITECTS

KARL FRIEDRICH SCHINKEL 1781–1841

카를 프리드리히 싱켈은 프로이센 역사의 중심이 되는 시기에 프로이센 건축 작업부의 수석 건축가였다. 그는 베를린과 그 주변의 주요 건물과 궁전을 디자인하고 개조하는데 선도적 역할을 했다. 특히 포츠담에는 오늘날까지 그의 작업이 많이 남아있다. 싱켈은 도심부의 혁신적인 새 구조를 만드는 디자이너로서 활동했는데, 도시계획에 대해 조화를 강조한 그의 접근방식은 유럽의 대단한 수도들 사이에서 베를린의 위상을 확고하게 다졌다.

Armchair
c. 1835

18세기 후반부터 프로이센은 제철 산업이 번영했는데, 얼마 지나지 않아 이 기술은 다른 국가들까지 널리 퍼졌다. 이렇게 다양한 물건을 대량 생산하는 기술은 장식품에도 해당됐고, 싱켈은 자신의 디자인이 담긴 주철로 된 가구를 만들 수 있었다. 이와 같은 그의 작업은 본래 왕궁의 정원을 위해 만들어진 것으로 약 1825년부터 만들어졌다.

싱켈이 약 1835년에 디자인한 암체어는 로마인의 욕실을 설계하는데 처음 쓰였고, 욕실은 포츠담에 있는 산수시 공원(Sanssouci Park)의 남서쪽 건물들 한쪽에 있었다. 정원사의 집과 차 파빌리온, 또한 욕실까지 이러한 건물들은 샤를로텐호프 궁전 맞은편에 위치하고 있었으며, 궁전은 각 면에 포르티코를 만들고 수평축은 높여서 설계되었다. 뒤쪽에서 정원을 내려다보면, 구조가 단층으로 되어있고 도리아 양식의 기둥들이 늘어서 있지만, 단순한 서쪽 외관은 2층으로 되어있다. 전형적인 형태와 아담하고, 실용적인 구조는 싱켈의 주철 암체어에서 재현되는 특징들이다. 또한 의자에는 어떠한 기상 조건에도 잘 유지되도록 시각적인 눈속임 장치가 있다. 이 의자는 실내용 의자의 높이, 장식용 등받이, 평평한 좌석, 곡선형태의 팔걸이까지 그 전형적인 형태를 모방했지만, 제작은 전부 주철로 만들어졌다. 팔걸이와 측면, 의자 다리 등으로 된 의자의 측면은 각 부분은 단일 주물이다. 그리고 좌석을 이루는 빽빽하게 놓인 주철 막대들과 의자다리를 연결하는 아래쪽 두 개의 막대로 결합된다.

이런 새로운 재료는 다소 거칠지만, 복잡한 장식적 요소를 만들 수 있다. 악기와 뒷면의 소용돌이무늬 나뭇잎, 팔걸이의 양 얼굴 등 세련되고 세세한 장식요소는 이 재료가 폭넓게 사용 가능하단 것을 증명한다. 싱켈은 산업적인 공정을 예술적인 표현으로 성공적으로 녹여냈고, 왕궁의 정원에 적합한 형태와 실용성 사이에 균형을 잘 맞췄다. 건물과 의자의 모양은 모두 고전적이지만 기능적인 우아함이 아담한 형태와 부차적인 장식들을 통해 표현될 수 있었다.

Charlottenhof Palace

Potsdam, Germany 1826–9

OTTO WAGNER 1841–1918

오토 바그너는 비엔나 아트 아카데미를 졸업하고, 루드위그 포스터의 건축 스튜디오에 들어갔다. 그는 건축가로 활동하며 다수의 아파트 건물을 설계했는데, 아파트가 팔리기 전 비용을 내며 그 곳에 거주했다. 1894년에는 비엔나 아트 아카데미의 건축 교수가 되었으며 2년 후에는 건축의 기본 원리를 재시험했던, 혁명을 일으킨 책, 『모던 아키텍처』를 출판했다.

Stool 1906

Villa Wagner II

Vienna, Austria 1912–13

1896년에 모던 아키텍처를 발행하면서, 바그너는 역사주의를 깨뜨리겠다고 의사를 표명했다. 그는 강연에서 학생들에게 지난 과거를 바라보기보다는, 현대적인 생활의 요구에 부응하는 건물들을 만들라고 설파했다.

그의 디자인은 온전히 장식적인 것보다는 실용적인 면을 강조했는데, 1906년에 디자인한 스툴에서 그 모습을 볼 수 있다. 주제는 간단하다: 가늘고 안정적인 프레임은 너도밤나무 부분 네 개로 되어있으며, 위쪽에 있는 합판으로 된 사각형 좌석을 받치고 있다. 둥그런 모서리는 어느 공간에도 잘 어울린다.

좌석에 있는 직사각형 틈도 역시 유용한 부분인데, 쉽게 운반할 수 있는 손잡이가 된다. 장식은 아주 작게 일련의 못 머리 장식으로 제한되었고, 프레임을 칠한 검은 페인트와는 다르게 눈에 보이도록 만들었다.

바그너의 빌라 바그너 II (Villa Wagner II)의 디자인은 실용성, 균형 잡힌 비율, 최소한의 장식, 기하학적 구조가 특징이며, 그의 아내를 위한 집으로 만들어졌다. 빌라의 정육면체 형태는 공간의 실용적인 사용을 강조하려는 바그너의 의도를 나타낸다. 건물은 견고한 구조로 콘크리트와 강철로 만들어졌지만, 대체로 균형 잡힌 비율의 디자인 덕분에 세련되고 가벼워 보인다. 또한 몇몇 장식 부분에도 이런 원리를 반복해 표현했다: 1층 창가 주변의 못 머리는 아무런 기능으로 쓰인 게 아니라, 온전히 밋밋한 건물 외양에 장식적인 요소로만 작용한다.

ANTONI GAUDÍ 1852–1926

역사상 가장 독창적인 건축가 중에 하나이자, 카탈란 모더니즘의 지지자였던 안토니 가우디는 많은 바르셀로나의 대표적인 장소들을 일군 인물이다. 후원자인 에우세비 구엘의 지원을 받는 기간 동안, 가우디는 그 만의 독특한 파도가 출렁이는 디자인을 사적인 주거공간과 교회, 가구에 이르기까지 집중해서 표현했다.

패덕 암체어는 카사 칼베트를 위해 만들어졌는데, 카사 칼베트는 1904년에 완공되고, 가장 초반에 지은 건물 중 하나로 가우디의 작업 중 다소 보수적인 집이지만, 앞으로의 조짐이 보이는 형태다. 의자의 크고 둥근 면의 좌석과 이를 받치고 있는 둥근 팔걸이, 안쪽으로 살짝 굽혀진 4개의 의자다리, 하트 모양의 등받이로 이루어져 있다.

그는 직선보다 물결선을 선호했는데, 인간의 신체 구조를 바탕으로 한 그의 디자인 방식에서 두드러지게 보인다. 예를 들어 구엘 공원에 있는 물결곡선 벤치의 형태와 창문 손잡이들은 인간의 자세에 기반을 두었다. 패덕 암체어는 나무를 깎아 만들었지만, 딱딱한 형태에서도 최고의 편안함을 제공하기 위해서 좌석과 등받이가 몸이 편안한 형태로 만들어졌다.

1907년 완공된 바르셀로나 카사 바트요의 외관에 보이는 것처럼, 가우디의 곡선의 매력은 독특하며 때로는 상상 속에 존재하는 것 같다. 건물의 정면은 유기적인 형태로 보이면서도, 마치 모든 부분들이 동작 중에 멈춘 것처럼 유동체 같기도 하다. 의자는 나무로, 건물은 석조로, 두 디자인 모두 단단한 재료로 만들어졌다. 그러나 곡선 덕분에 동적인 느낌과 표현이 풍부해졌다. 각각 물결치는 곡선이 마치 의자와 건물 외관이 플라스틱으로 빚은 것처럼 정교하게 만들어진 점토의 인상을 준다. 가우디의 형태 디자인 방식은 건축의 평범한 규칙들을 고수하기보다 아주 멋지고 상상력이 풍부하다. 자연은 영감의 끊임없는 원천이며, 가우디는 이와 함께 지속적인 실험을 계속하며 대담하고 놀라운 환상을 실현시킬 수 있었다.

Padouk Armchair
c. 1902

Casa Batlló
Barcelona, Spain 1904–7

벨기에의 아르누보 선구자인 빅토르 오르타는 주로 브뤼셀에 호화로운 사적 주거공간과 공공건물을 둘 다 지었다. 겐트에 있는 아트 스쿨을 졸업했지만, 대부분의 영감을 파리에서 오래 머무르는 동안 얻었다: '내가 걷던 거리, 내가 갔던 건축물과 박물관들이 나의 예술적 감성을 일깨웠다'라고 그는 말했다. '어떠한 학교 교육도 나에게 강렬한 영감을 주지 않았으며, 오로지 "읽는 공간"으로만 영원히 남았을 뿐이다.'

Horta House

Brussels, Belgium 1898–1901

VICTOR HORTA 1861–1947

전통적인 스타일로 밑그림을 그리고, 혁신적인 건축 기술로 실험을 했던 빅토르 오르타는 디자인은 기존 디자인과 유사했으나 스타일은 달랐는데, 구조, 가구, 소품까지 건물 전체가 총체 예술인 게삼트쿤스트베르크로 주로 간주되는 건물들을 지었다. 공간을 통합하고 색을 사용해서 각각의 세부요소들을 전체적인 모습에 어우러지게 만들었다.

오르타 뮤지엄은 본래 건축가의 사적 주거공간과 스튜디오로 지어졌다. 오늘날 이 건축물은 벨기에 아르누보의 가장 위대한 건축물의 예시로 여겨진다. 건물의 구조와 내부 장식은 처음 이 건물이 지어졌을 때의 모습인 물결형태, 아라베스크 장식부터 방과 방 사이에 부드러운 곡선까지 그대로 남아있다. 건물은 아주 실용적이진 않지만(중앙난방 장치가 있었다), 살기에 아름다운 곳이었다.

건물의 우아함과 조화는 가구의 많은 부분에서도 보이는데, 이 건축물을 위해서 특별히 디자인된 것이다. 오르타의 나무 다이닝룸 체어는 매우 우아한 가구이면서도, 아름다운 다리, 장식적으로 조각된 등받이, 넓은 좌석이 모여 편안하고 안정적이다. 의자 양편에, 좌석 아래를 지지하고 있는 아치는 건물 전체에서 내내 아치 형태를 반복한다. 나무색은 건물의 전체적인 색 계획에 잘 어우러져서, 건축가의 총체적인 감각을 분명하게 보여준다. 오르타의 과거 조수였던 장 델헤이는 이 건물을 향후에 박물관으로 보호했고, 지금은 대중에게 개방되었다. 오르타의 다른 세 주택들 – 호텔 타셀, 호텔 솔베이, 호텔 반 에트벨데 – 과 함께 오르타 뮤지엄은 유네스코 세계 문화유산으로 선정되었다.

Dining Room Chair 1890s

HENRY VAN DE VELDE 1863–1957

앙리 반 데 벨데는 처음에는 화가가 되고 싶었지만, 그 대신 미술과 건축 대학에 지원했다. 그는 영국에서 미술공예운동에 영향을 받으며, 장신구, 커트러리, 벽지, 로고, 책 등을 디자인했다. 반 데 벨데는 앤트워프에서 태어났지만 독일, 스위스, 네덜란드에서 자랐고, 또한 벨기에에서 많은 공공작업과 개인작업을 하며 지냈다. 또한 그는 1926년에 벨기에의 라 캄브레 아트스쿨과 유명한 건축물들을 세운 것으로 유명하다.

Bloemenwerf Chair

c. 1895

반 데 벨데는 빅토르 오르타(p.16)처럼 게삼트쿤스트베르크의 개념에 열광했다. 브뤼셀 인근의 우클에 자신의 가족이 살 주택인 빌라 브루멘베르프를 만들 때, 그는 건물과 가구 그리고 또한 실내 장식과 조화를 이루는 아내의 드레스도 디자인했다.

선은 반드시 동적이고 물체의 형태를 강조해야한다고 생각해서, 그의 다이닝룸 체어 디자인은 정교하면서도 세련된 비율을 통해 섬세한 느낌이 있다. 넓은 등받이는 고르지 않게 나뉜 여러 목판으로 되어있다. 팔걸이는 살짝 구부러진 다리에 얹혀있으며, 지지대와 결합되어 있고, 널찍한 좌석은 이러한 팔걸이들로 둘러져 있다. 의자 디자인의 유기적인 선은 아르누보의 특징인 부드러움을 보여준다.

실용적이면서 우아한 건축 양식은 반 데 벨데의 바이마르 미술대학 본관 디자인을 연상시킨다. 1902년에는 작센 바이마르 아이젠나하의 통치자에게 예술적인 고문으로 활동하면서 그는 바이마르 어플라이드 아트 스쿨의 교장으로 임명되었다. 은퇴했던 1914년에는, 발터 그로피우스(p.30)를 후임자로 지정됐다. 이 건물은 1919년 바우하우스가 탄생한 곳이며, 비례에 관한 그의 감각을 보여준다. 단순하며, 규칙적으로 해체된 외관에는 아주 큰 유리창이 있어서 자연광이 실내로 많이 비추도록 만들어졌다. 건물은 의자처럼 아담하면서도 우아하고, 형태가 기능에 의해 결정되는 구조이다. 1999년에 원래 상태로 복구되었으며, 현재는 바이마르 바우하우스 대학의 본관으로 사용되고 있다.

Bauhaus-Universität

Weimar, Germany 1904–11

1897년 요셉 마리아 올브리히는 예술가 단체인 빈 분리파의 설립자 중에 하나였으며, 요셉 호프만(p.26), 구스타프 클림트, 콜로만 모저가 활동을 같이했다. 이 단체는 보수적인 학계의 관점을 거부하고, 국가가 지원하는 전시에는 참여하지 않았다. 올브리히는 오토 바그너(p.12)의 스튜디오에서 일하며, 20대 내내 분리파 건물을 설계하는 일을 맡았다. 건물 정문의 위쪽에는 다음과 같은 문구가 새겨져 있다: '각 세기마다 고유한 예술을, 예술에는 자유를'

Secession Building
Vienna, Austria 1898

JOSEPH MARIA OLBRICH 1867–1908

올브리히는 장신구, 도자기 그릇, 나아가 악기까지 디자인했지만, 건축 경력 이후로는 가구를 디자인하는 것에서 만족감을 얻었다. 왕좌와 닮은 이 암체어는 그와 동료들이 빈 분리파를 창단한 지 2년 후인 1899년에 만들어지기 시작했고, 시카모어 목재로 만들어졌고 덮개 쓰인 좌석이 있다. 골이 져서 살짝 구부러진 두 부분이 세련되고 부드러운 느낌을 부여하면서도, 나무의 매끄러운 표면은 섬세한 장식과 대조를 이룬다. 규칙적이고 기하학적인 부분과 의자의 곡선이 이루는 대조가 전체적인 인상을 우아하면서 역동적이게 만든다.

비슷한 인상이 올브리히의 분리파 건축물 디자인에서도 분명하게 드러나는데, 이 건물은 거대한 여러 직육면체로 되어있다. 건축물 정면은 창문이 없어서 요새를 떠오르게 하지만, 엄청나게 큰 돔이 꼭대기에 있어서 사각형 덩어리 같은 이미지는 덜하다. 돔의 프레임은 청동으로 되어있고, 금박 월계수 잎으로 덮여 있다. 분리파 사람들은 오로지 기하학 형태만을 사용한 것을 정교하면서 자연스러운 부분 혹은 상징적이면서 장식적 요소와 나란히 놓아서 건축에서 새로운 시도를 했다. 건물의 실내는 *베토벤 프리즈* 가 특징인데, 동료 분리파 멤버인 구스타프 클림프가 벽에 직접 그렸다. 세계 2차 대전 당시 심하게 훼손되었지만, 그 후 복원되어 왔으며 현재는 바닥 면의 1,000㎡(10,764 sq ft)가 매년 20여개의 전시에 공개된다.

Armchair 1899

프랭크 로이드 라이트의 다양한 경력은 그가 사는 동안 벌어진 급격한 기술 발전의 영향이 아주 컸다. 그는 건축물이 자연 세계와 함께 공존해야한다고 생각했고, 근대의 사회적 변화에 적응하면서 유럽과 일본에서 교육자로 활동한 후, 겨우 26세에 건축 스튜디오를 설립했다. 1912년 첫 번째 고층 건물을 지었으며, 1955년에는 대량생산할 가구를 디자인하기 시작했다.

Guggenheim Museum
New York, New York, USA 1959

FRANK LLOYD WRIGHT 1867–1959

탤리에신 웨스트 체어는 1946년에 탤리에신 웨스트라는 건축물을 위해 만들어졌다. 탤린에신 웨스트는 프랭크 로이드 라이트의 건축 학교의 본 캠퍼스에 있고, 애리조나의 스코츠데일에서 라이트의 집과 스튜디오 역할을 했다. 의자는 적층된 자작나무 합판 하나를 접어서 제작했는데, 종이접기를 한 것처럼 다양한 기하학적 형태가 보인다. 그리고 특히 의자의 넓은 좌석과 천으로 싸인 안쪽부분은 편안하고 눈길을 끈다. 라이트는 이보다 3년 전에 뉴욕에서 가장 눈에 띄는 건물이자, 현대 건축 양식에서도 중요한 구겐하임 뮤지엄을 설계했는데 이 건축물은 그가 세상을 떠난 1959년에 완공되었다. 건축물은 의자의 모습처럼, 한 덩어리의 소재로 만들어졌거나 플라스틱으로 성형된 것처럼 보인다. 가장 두드러지는 부분은 원형지붕인데, 실내방향으로 지붕이 열린다. 또한 원형지붕 덕분에 방문객들은 거대한 공간을 경험하는 것과 동시에, 계속 이어지는 경사로를 따라 걸린 여러 층의 예술 작품들, 나아가 개별 전시관까지도 관람할 수 있다. 이 경사로가 건축물의 주요 역할을 하는 것은 당연하다.

라이트는 의자와 뮤지엄의 디자인에서 우아함과 단순함 같은 세련된 감각을 한 결같이 표현했다. 둘 다 아랫부분은 단순하고 견고하며, 윗부분은 구조의 화려한 정점이 되는 디자인을 하고 있다.

Taliesin West Chair 1946

찰스 레니 매킨토시는 글래스고 아트 스쿨을 졸업한 사람들로 구성된 '더 포' 중에 한 명이며, 이 단체는 스코틀랜드의 아르누보와 가장 관련이 깊다. 그의 작업은 다른 예술가들에게 지속적이고 엄청난 영향을 주었는데, 특히 빈 분리파가 그에 해당했다. 매킨토시는 보통 그의 아내인 마가레트 맥도날드와 공동으로 작업을 했는데, 그녀는 동료 예술가이면서 '더 포'의 멤버였고, 그의 건축 디자인에서 장식적인 부분을 담당했다.

CHARLES RENNIE MACKINTOSH
1868–1928

1902년 글래스고 출판업자 발터 블랙키는 매킨토시에게 하이젠베르크 도시 외곽에 새로운 집을 디자인해서 지어달라고 요청했다. 그렇게 지은 집이 힐 하우스이며, 현재는 스코틀랜드의 내셔널 트러스트의 소유이고, 매킨토시의 가장 뛰어난 업적에 속한다. 건물의 모든 부분들이 게삼트쿤스트베르크 정신으로 잘 어우러져있고, 시각적인 충격을 고조시킨다.

힐 하우스를 위해 만들어진 독특한 의자는 흑단같이 처리한 오크나무로 만들어졌고, 책상과 함께 쓰이도록 구성됐다. 의자의 유난히 높은 등받이와 같이 장식적인 성격은 실용성이나 앉는 부분의 편안함보다 더 중요한 역할을 한 것으로 추측된다. 또한 부드럽고 우아하면서 단순한 의자 디자인은 매킨토시가 힐 하우스 건축물에 얼마나 큰 강조를 했는지 보여준다. 매킨토시의 많은 프로젝트들처럼, 힐 하우스도 마가레트 맥도날드와 함께한 공동의 업적이었고, 그녀는 건물의 많은 섬유 부분을 디자인했다.

이러한 특징들은 그의 가장 유명한 건축 업적인 글래스고 아트 스쿨에서도 나타난다. 대칭과 비대칭의 조합, 규칙성 있는 반복, 구조적 그리고 장식적인 요소로써 쇠창살 사용, 특히 공간을 꾸리기 위해 직사각형 창문들을 세로로 길게 늘인 것에서 분명하게 보인다. 매킨토시의 건축 양식은 켈트와 일본 미술, 또한 오브리 비어즐리와 라파엘전파 같은 예술가들의 작품에서 굉장한 영향을 받았다. 건축가이자 디자이너로서 매킨토시는 영국과 유럽을 넘어서 대단한 영향력을 미쳤다.

Hill House Chair 1904

School of Art
Glasgow, UK 1897–1909

JOSEF HOFFMANN 1870–1956

요셉 호프만은 건축가이자 디자이너이며, 요셉 마리아 오브리히(p.20)와 함께 빈 분리파의 공동 설립자 중에 한 명이다. 이 단체를 떠나고 얼마 후 1903년에 그는 비엔나 공방을 창설해서 푸스커스도르프 요양원과 벨기에의 스토클레 궁전 같이 획기적인 건축물을 세우며 훌륭한 실력을 선보였고, 비엔나 디자인에 혁명을 일으켰다. 호프만은 활동하면서 영국 디자인, 특히 찰리 레니 매킨토시(p.24)의 영향을 줄곧 받았다.

Sitzmaschine
c. 1905

지츠마신은 '앉기 위한 기계'로 오스트리아에 있는 푸스커스도르프 요양원(1904-5)에 환자에게 제공할 편리한 가구가 필요해서 만들어졌다. 런던의 디자인 박물관이 선정한 세계를 변화시킨 50개의 의자로 선정되었고, 의자는 앞으로 형태와 기능성이 함께 중요해지기 시작할 조짐을 보였다. 기술의 발전에 따라, 호프만은 의자의 구조에 기계적인 부분을 넣었다. 줄지어 있는 구형태의 단계를 조절하면 등받이를 비스듬히 기댈 수 있고, 의자 옆모습의 곡선이 바뀐다. 의자의 다른 부분들은 둥근 모퉁이를 가진 여러 직사각형으로 되어있다.

이러한 수준 높은 형태 구성은 호프만이 디자인 한 브뤼셀의 스토클레 궁전에서도 분명하게 나타난다. 궁전은 은행가 아돌프 스토클레를 위해 만든 것이었다. 건축물은 직선과 기하학적 도형들로 이뤄졌는데, 퇴창, 뾰족 탑, 그리고 높고 폭 좁은 계단가의 연속된 창문들이 그 인상을 누그러뜨린다. 이 창문들은 건물의 바닥부터 꼭대기까지 늘어져있다. 다른 창문들은 규칙적으로 배열되어 있으며, 지츠마신의 판 장식 부분을 비슷하게 반복한다. 스토클레 궁전의 뛰어한 디자인은 호프만이 건축물 외관을 하얀 대리석 판으로 장식하겠다고 결정해서 이뤄졌다. 그 결과 표면이 매끄럽게 보이는 효과를 얻었다. 의자와 건축물의 디자인 모두 보기 좋은 비율과 절묘한 조화를 이루는 기하학적 장식이 매우 아름답다. 오늘날 스토클레 궁전은 유네스코 세계 문화유산으로 등재되어있다.

Palais Stoclet
Brussels, Belgium 1905–11

아일린 그레이는 건축과 디자인에서 지난 세기의 가장 영향력 있는 사람이자, 런던에 있는 슬레이드 아트 스쿨에 입학한 첫 번째 여성이다. 1900년 파리로 이사를 가서 일본의 칠기 작업을 배우고는, 칠기작업을 한 스크린과 장식용 판을 전문으로 하는 개인 스튜디오를 차렸다. 그리고 그레이는 건축물과 가구도 디자인했다. 1970년대에는 런던에서 아람(P.132)과 파트너를 맺고, 그녀의 디자인 작업들을 제조해서 전 세계에 유통시켰다.

E1027

Roquebrune-Cap-Martin, France 1924–9

EILEEN GRAY 1878–1976

1920년대 중반 그레이는 오로지 건축에만 전념하기로 결정한다. 건축가이자 편집장인 장 바도비치와 함께 그녀의 경력에 가장 중요한 작업을 시작했다—E1027 하우스는 모나코 인근에 로크브륀느-카프-마르탱에 지어졌으며, 건물의 L형 구조, 평평한 지붕, 거대한 창문은 모더니즘 디자인의 중요한 아이콘이다.

또한 그레이는 건축물의 가구도 디자인했는데, 그 중에 로크브륀느 의자는 스틸을 결합하는 방법을 실험한 끝에 제작할 수 있었다. 의자는 광택이 나는 크롬도금의 스틸 튜브 다리와 프레임으로 되어있고, 스틸 튜브를 두르고 있는 가죽이 좌석과 등받이가 되었다. 등받이는 추가로 여성스러운 디테일이 있다: 디자인이 코르셋 같고, 끈으로 묶여있다. 의자는 구조가 분명하고 두 가지 소재를 조합해서 아름답게 느껴진다. 또한 월등한 마감처리는 수준이 높은 현대적인 의자 같다.

한편 E1027 하우스도 천장의 채광창 계단을 중앙에 놓아서 디자인에 전환을 줬다. 건물과 의자는 아담하고 안정적이면서도, 규칙적인 기하학적 모양과 각 부분들의 배치 덕분에 가벼운 구조를 가졌다. E1027 하우스는 1930년 현대 예술인 연합 전시에서 선보였고 극찬을 받았다. 이름은 당시 연인관계였던 그레이와 바도비치가 함께 지었는데, 아일린(Eileen)의 'E', 장(Jean)의 10('J'는 알파벳에서 10번째 순서), 바도비치의 2와 그레이의 7로 이뤄졌다. 하우스는 1929년에 완공됐고, 이후 곧 그레이와 바도비치는 이별했으며 그녀는 망통 근처에 새로운 집, 템페 아 파에야를 지어 떠났다.

Roquebrune Chair
c. 1927

WALTER GROPIUS 1883–1969

F51 Chair 1920–3

발터 그로피우스는 베를린에 있는 피터 베렌스의 스튜디오에서 경력을 시작했고, 이후 1910년에 자신의 스튜디오를 차렸다. 바우하우스 운동의 핵심 인물로서, 그로피우스는 1919년부터 1928년까지 바우하우스 스쿨의 교장으로 지냈고 1934년 영국으로 이민을 갔다. 그리고 삼년 뒤에 미국으로 건너가 하버드 대학교의 디자인 대학원에서 건축 교수로 활동했다.

그로피우스의 암체어 디자인은 바우하우스 교장실 인테리어의 직선적인 질서를 담았는데, 굉장히 혁신적인 디자인이었다. 정사각형 좌석이 눈에 띄고 프레임은 대부분 금속으로 만들어졌으며, 의자의 캔틸레버 구조는 이후 많은 캔틸레버 구조 의자들의 본보기가 되었다. 그로피우스의 의자에는 두 가지 대조적인 부분이 조합됐다: 단순한 구조와 대단히 두꺼운 쿠션이다. 시트 부분은 두툼한 좌석부분과 긴 팔걸이 위에 놓인 편안한 등받이로 되어있다. 전체적으로 의자는 부피와 선형성이 기발한 나란히 늘어진 형태를 이뤘다.

그로피우스의 건축물에 드러나는 또 다른 특징은 데사우에 있는 바우하우스 스쿨의 새로운 본관 디자인에서 잘 나타난다. 학교가 바이마르에서 데사우로 이전하면서, 그로피우스는 새로운 복합건물을 지었는데, 행정관, 학교, 작업실까지 세 공간으로 정확히 나뉘면서도 연결된 건축물이었다. 각 공간은 보강 스틸로 만들어진 구조물이 주위를 두르고 있었는데, 이는 그로피우스가 기술에 관심이 많았던 것을 나타낸다. 그의 첫 번째 중요한 작업은 알펠트 안 데르 라이네 지역에 있는 파구스 공장(1911-13)이었다. 이 건축물은 정육면체 형태와 유리와 스틸로 된 건물의 개척자 역할을 했고, 이들은 이후 그의 디자인 특징이 되었다. 데사우에 있는 바우하우스 스쿨은 바이마르에 앙리 반 데 벨데(p.18)가 지은 이전 건물과 겉모습이 닮았다. 하지만 데사우에 있는 바우하우스 스쿨의 구조는 시대정신을 표현하며, 새로운, 현대적인 건축의 등장을 선포했다. '우리는 완벽하게 유기적인 건축물을 만들고 싶다' 그로피우스는 말했다. '건축물의 보이지 않는 특성을 대담하게 드러내고, 거짓과 장식이 없는 그런 건축물을'

디자인과 건축 분야에서 그로피우스의 유산은 후배 예술가들에게 새로운 해법에 찾도록 영감을 불어준 것이다. 그의 바우하우스 작업은 가장 영향력 있는 가르침을 남겼고 예술의 종합적인 실험실이었다.

Bauhaus School
Dessau, Germany 1926

MIES VAN DER ROHE 1886–1969

1912년 베를린에 자신의 스튜디오를 차리고, 바우하우스 스쿨의 교장으로 1930년부터 1933년까지 활동했으며 1938년에 미국으로 이주했다. 건축계에 그의 영향력은 대단한데 특히 뉴욕 시그램 빌딩의 디자인이 그 예시다. 미스는 스틸과 유리 같은 현대적인 소재를 최대한 잘 활용했고, 균형 잡힌 구조와 오픈 플랜 식의 인테리어를 선호했다. 수많은 가구들을 디자인했으며, 크놀(p.128)이 1948년부터 이 가구들을 대량 생산을 시작했다.

Barcelona Chair 1929

Neue Nationalgalerie
Berlin, Germany 1968

미스는 여러 의자를 디자인했지만, 바르셀로나 체어가 두말할 것 없이 가장 유명하다. 오늘날 세계에서 가장 잘 알아볼 수 있는 디자인 작품으로 1929년 바르셀로나 엑스포의 독일 전시장을 위해 만들어졌고, 체코의 브르노에서 있는 빌라 트루겐하트에서 처음 사용됐다. 의자는 스틸 프레임과 가죽 덮개가 조합되어서 이후에 의자를 대량생산에 합당했는데, 그 유일한 생산방법은 높은 제작비용을 줄이기 위해 변경된 것이었다. 1953년부터 크놀이 의자 제작을 시작했다.

의자의 형태는 고대 이집트의 왕좌에서 영감을 받았고, 크롬도금한 스틸 막대 두 개가 의자 양측을 받치는데, 좌석 밑에서 세련된 S자 곡선을 만들면서 우아하게 교차한다. 좌석과 등받이의 쿠션은 가죽으로 덮여있다. 의자의 디자인 특징은 그가 디자인한 베를린의 신 국립 미술관(그는 또한 조각 공원도 디자인했다)에서 드러나는 특징과 몹시 비슷하다. 이 건축물은 40년 후인 1968년 완공되었다. 전시장은 이층으로 되어있는데, 위층은 현관과 주요 전시장으로 쓰인다. 건물의 유리외관은 투명하지만 구조가 튼튼하며, 여유롭고 널찍한 실내를 방문객에게 제공한다.

미스의 뛰어난 디자인은 균형감에서 가지런하고 아름다움이 느껴진다, 신 국립 미술관의 윗부분은 유리로 만들어졌고 금속 구조가 받치고 있는데, 바로셀로나 체어의 견고한 프레임 위에 떠 있는 것처럼 지면 위에서 떨어져 있다. 두 디자인에서 극히 중요한 역할을 한 단순함이 정말 훌륭하다.

르 코르뷔지에의 본명은 샤를르 에두아르 잔느레-그리이며 스위스에서 태어났다. 건축, 가구 디자인, 도시계획 분야를 아우르고 화가와 교육자로도 활동했다. 그는 조립식 주택을 지지하고 강화콘크리트와 스틸을 많이 사용했다. 미스 반 데어 로에(p.32)처럼 그는 건축에서 중요한 인물이자 지대한 영향을 미쳤다.

Unité d'Habitation

Berlin, Germany 1957

LE CORBUSIER 1887–1965

LC2 체어는 르 코르뷔지에가 1928년에 사촌 피에르 잔느레와 샬로트 페리앙과 함께 만든 의자이다. 주제는 간단하다: 크롬도금의 스틸막대 두 개가 사각 프레임으로 가죽 쿠션을 둘러 의자의 뼈대를 형성하고, 가죽 쿠션이 그 안쪽을 채운다. 기하학적으로 단순하고 정육면체 같은 암체어는 여러 사각형이 모여 하나의 모듈식 의자가 된다. 광채가 나는 스틸막대와 고급스러운 가죽은 고상한 아름다움을 더한다.

르 코르뷔지에는 가구 디자인뿐만 아니라 건축에도 합리적인 구조에 대한 흥미를 표현했다. LC2 체어를 만들고 수십 년 후, 1957년 그와 47명의 저명한 건축가들—발터 그로피우스(p.30), 알바 알토(p.44), 오스카 니마이어(p.56)—은 국제 건축 박람회의 주택 발전 파트인 '인터바우'의 전시 모델을 디자인했다. 르 코르뷔지에의 건축물 프로토타입은 7층이며, 기둥과 콘크리트 보가 격자를 이룬다. 400개의 개별 아파트들이 조립된 부분들로 나뉘어있는데, 강화콘크리트 판이 그 구조를 받치고 있다. 모듈성과 기하학적인 질서는 이 프로젝트의 핵심이고, 건물 외관에 밝은 색상으로 강조됐다.

LC2 1928

유니테 다비타시옹 건축에 적절한 가격과 조립식 주택이란 주제를 담았다. 르 코르뷔지에는 프랑스의 여러 지역에 조립식 주택을 지었는데, 마르세유가 가장 유명하다. 마지막 프로젝트였던 베를린 주택은 미완성으로 남아있는데, 르 코르뷔지에의 디자인이 건축 규제에 부합하지 않기 때문이다.

GERRIT RIETVELD 1888–1964

게리트 리트벨트는 12세에 아버지의 가구 작업장에서 일을 시작했다. 1917년 자신의 가구 작업실을 마련하기 전에 그는 제도사와 보석 세공사로 일했고, 건축과 드로잉을 공부했다.— 같은 해에 그는 국제적인 명성을 가져다 준 의자를 디자인했다. 데스틸 운동의 구성원이었던 리트벨트는 아르헴과 암스테르담에 개인 주택, 섬유 공장, 예술학교를 디자인했다.

Red Blue Chair
1917

레드 블루 체어의 디자인은 원래 원목으로 마감을 했었는데, 1920대 초반 그는 빨간색, 노란색, 파란색, 검은색을 페인트칠 하기로 결정을 내렸다. – 색상들은 그가 데스틸 운동의 일원인 것을 나타낸다. 의자는 간단한 구조로 가느다란 막대 15개와 페인트칠이 된 너도밤나무판과 합판으로 되어있다. – 대량생산을 예상하고 표준 크기로 만들었다(하지만 하나도 만들어지지 않았다). 의자의 구성은 가로와 세로 요소들의 상호작용인데, 서로 포개져서 추상적인 패턴을 형성한다. 그리고 색상은 그저 장식이라기보다 디자인의 구조적인 질서를 강조한다.

다른 데스틸 작가들의 작업처럼, 의자는 단체의 성격을 드러내고 있으며 위트레흐트 교외에 지은 리트벨트의 슈뢰더 하우스도 마찬가지였다. 건물은 트루스 슈뢰더-슈뢰더의 부탁으로 지어졌는데, 그는 디자인 과정에 적극적으로 참여했다. 그는 고정된 벽이 전혀 없어서 야외와도 연결된 건물을 생각했다. 리트벨트는 미닫이 시스템으로 인테리어를 디자인했고, 고객이 원하는 대로 레이아웃을 바꿀 수 있게 만들었다. 레드 블루 체어처럼, 건물외관과 특히 발코니에는 가로와 세로 요소들의 상호작용이 보이고, 색깔벽돌이 건물의 특정 부분들을 나타내는데 쓰였다.

Schröder House

Utrecht, Netherlands 1923–4

Pirelli Tower

Milan, Italy 1958

건축가, 디자이너, 그리고 예술가인 지오 폰티는 밀라노 폴리테크닉을 졸업하고, 이후 1936년부터 1961년까지 이 곳에서 학생들을 가르쳤다. 또한 그는 출판업자였는데, 1928년 잡지 도무스를 발간했고(현재까지 발행되고 있다). 자기 제조업자 리차드 지노리와 1923년부터 1930까지 함께 일했다. 그의 가장 유명한 건축설계로는 피렐리 타워와 콜로라도의 덴버 미술관이 있다.

GIÒ PONTI 1891–1976

폰티의 수퍼레게라(이탈리아 말로 '매우 가벼운') 의자 디자인은 1957년 가구 제조업자 까시나와 협업해서 만들어졌다; 까시나 회사의 다른 디자인에는 1953년에 만든 디스텍 암체어와 두에 폴리에 소파가 있다. 수퍼레게라는 디자이너와 제조업자가 함께한 첫 번째 성공적인 협업 중에 하나로, 근대 이탈리아 디자인의 상징이다. 이름이 말하는 것처럼, 의자 중심부를 아주 작은, 필수적인 부분만 가지고 굉장히 가벼운 구조로 만들려 했다. 뛰어난 균형과 간단한 구조, 살짝 기울어진 등받이는 의자 디자인을 매우 우아하게 만든다. 수퍼레게라는 대단히 실용적인 가구이면서 예술 작품이고, 현재에도 계속 만들어진다.

1950년 폰티는 엔지니어인 피에르 루이지 네르비와 아르투로 다누쏘와 함께 피렐리 타이어 제조업체의 새 본사건물을 디자인했다. 피렐리 타워는 32층, 124m(407ft) 높이를 가졌다; 한 때 이탈리아에서 가장 높은 빌딩이었다. 건물 공사는 1956년에 시작했고 2년 후 완성되자, 타워는 근대 밀라노 디자인의 상징물처럼 보였다. 콘크리트, 스틸, 유리로 만들어진 타워는 다소 흔한 형태의 고층건물 디자인에서 벗어난 모습이다. 날씬한 디자인과 점점 가늘어지는 측면은 수퍼레게라의 뒤쪽을 향한 등받이와 같은 역할을 하고, 보통의 사무실 건물 같지 않은 날렵한 인상을 준다.

폰티는 유럽, 남아프리카, 동아시아 등 전 세계에 건축물을 디자인했고, 밀라노의 여러 교회 시리즈와 1964년에 완공된 가장 유명한 샌프란시스코 교회도 지었다. 그는 또한 제품 디자이너, 산업 디자이너로도 잘 알려져 있다.

Superleggera
1957

RICHARD NEUTRA 1892–1970

리차드 뉴트라는 빈에서 빈 공과대학를 다니고 건축 일을 시작했다. 그리고 1920년대에 미국으로 이주했고, 프랭크 로이드 라이트(p.22) 등 여러 사람들과 함께 작업했다. 뉴트라는 많은 개인 주택들을 디자인했는데, 특히 캘리포니아 지역에 많이 지었고 주택 단지와 학교도 디자인했다. 1949년에는 잡지 타임의 표지에 실렸으며, 나이가 들고서는 그의 손자인 건축가 디온 뉴트라와 파트너로 일했다.

VDL House

Los Angeles, California, USA 1932–63

Dining Chair 1948

뉴트라의 다이닝 체어는 캘리포티아 몬테시토에 있는 트레마인 하우스를 위해 만들어졌다. 의자는 등받이가 신축성이 있고 좌석은 크며, 그의 레이드백 스타일을 전형적으로 담고 있다. 그리고 금속 프레임은 좌석과 등받이에 있는 쿠션 덕분에 한층 부드러운 인상을 준다. 한편 앞쪽의 일직선 의자다리와 뒤쪽의 살짝 기울어진 의자다리는 날렵해 보인다. 의자 디자인은 1950년대의 근대적이고 미래지향적인 분위기를 담았다.

뉴트라는 1920년대 중반에 캘리포니아로 이주한 뒤, 대지와 조화를 이루고 널찍하며 햇살이 가득한 단층집으로 빠르게 유명해졌다. 그의 집은 본래 1932년에 지어졌는데, 1963년 화재 이후 크게 재건했던 것을 포함해 수십 년을 거쳐 개조됐다. '잘 지어진 집은 고정된 형체가 아니라 집 주변에 일어나는 자연적인 사건들의 거울이고, 그래서 항상 정신을 환기시킨다.'라고 뉴트라는 말했다.

VDL 하우스는 많은 뉴트라의 건축물처럼 단순한 모양과 평평한 지붕, 큰 유리판(보통 유리창으로 사용한다)으로 이뤄졌다. 건물에 보이는 반복되는 부분들이 특징이며, 장식이 없고, 햇빛을 반사시키는 밝은 색을 사용했다. 건물 내부는 빛이 가득하며, 또한 건물 밖으로 자연스럽게 연결됐다. 뉴트라는 모더니즘의 선구자로, 고객에게 빌라를 디자인해주고 빌라의 가구도 비치했다. 오늘날 그가 디자인한 가구는 디온 뉴트라가 재작업한 것과 함께 독일의 VS 회사에서 독점적으로 생산하고 있다.

ANDRÉ BLOC 1896–1966

알제리에서 태어난 안드레 블록은 2살 때 가족과 함께 프랑스로 이민을 왔다. 공학을 공부하면서, 1930년 두 개의 잡지 '고무에 대한 전반적인 조사'와 '오늘의 건축'을 창간하고 편집장을 맡았다. 1950년대 초반에는 파리에서 규모가 큰 여러 조각품을 만들었고, 예술인 단체 에스파스를 조직했다. 뫼동에 있는 자신의 집이 1952년에 완공된 후에는, 대체로 인테리어 디자이너와 조각가로 일했다.

Bellevue Chair

Maison Bloc

Meudon, France c. 1950

벨뷰 체어에 담긴 블록의 매혹적인 디자인은 두 부분으로 되어있다: 구부러진 목재 하나로 만들어진 지그재그 형체와 이 특이한 형체를 받치는 V자 모양의 금속 의자다리 두 개이다. 의자의 형태는 조각상 같지만, 사용자의 신체에 꼭 맞아서 편안한 자리를 제공한다. 의자는 두 가지 대조되는 소재로 만들어졌어도, 일체감과 단순함을 유지하고 있다—그가 존경한 예술가 한스 아르프의 추상적인 형태에서 영향을 받았을 수 있다. 이름과 잘 어울리는 의자 형태는 언덕 아래로 흐르는 물처럼 자연세계 경관에서 영감을 얻은 것일지도 모른다. 아마도 뫼동에 있는 자신의 집과 스튜디오를 위해 만들었을 것이며, 아주 조금밖에 생산되지 않았다.

뫼동에 지은 L자 모양의 집 디자인에는 블록이 건축을 조각적으로 접근했다는 게 보인다. 이 집은 곡면형태의 외관을 갖고 있는데, 넓게 휘어진 곡면은 벨뷰 체어의 물결모양 곡선을 연상시킨다. 건물은 한 가지 소재로, 풍경을 아우르는 넓은 곡선 형태로 만들어졌다. 중심에는 파티오가 있는데 아주 큰 창이 있고 정원을 바라보고 있다. 이러한 것들은 건물 내부와 외부 사이의 경계를 무너뜨리고, 자연 채광이 집 안으로 많이 들어오게 한다. 의자와 건축물의 곡선 형태는 주위 환경을 침해하기보다는 그 안에 잘 녹아든다.

알바 알토는 헬싱키 공과 대학을 졸업했고, 헬싱키 공과 대학은 현재 그에 대한 존경의 의미로 알토대학교로 이름을 변경했다. 알토는 1921년에 자신의 첫 번째 스튜디오를 설립했다. 그는 핀란드뿐만 아니라, 해외에서도 개인건물과 공공건물, 도시 기본 계획을 디자인했다. 그는 활동하는 내내 건축가와 디자이너로서의 작업이 자주 뒤섞였다. 1935년 그는 가구회사 아르텍을 설립했고, 아르텍은 고전적인 형태와 혁신적인 해법을 모두 갖춘 회사였다.

Finlandia Hall
Helsinki, Finland 1967–71

ALVAR AALTO 1898–1976

알토는 결핵을 앓는 환자들을 위해 파이미오 요양소(1929-33)를 설계했고, No.41 라운지체어는 이 건축물을 위해 만들어졌다. 알토는 환자들에게 필요한 것에 유의해서 의자 뒷부분 각도를 숨쉬기 편하게 만들었다. 또한 가볍고, 관리하기 쉽고, 무엇보다도 편안한 형태를 담아내는 게 중요했다. 의자는 알토의 디자인의 두 가지 핵심적인 특징을 보인다: 자연 소재를 사용한 것과 유기적인 형태이다. 그는 캔틸레버 구조에 쓰이는 얇은 적층재를 가지고 광범위한 실험을 한 결과, 구부러지고, 적층으로 되어있으며, 단단한 자작나무 프레임과 옻칠이 된 좌석을 만들 수 있었다.

알토 디자인의 특징과 뚜렷한 구조는 핀란디아 홀에서도 잘 보인다. 이 작업은 그의 건축 이력을 완벽하게 만들어주었다. 건축물은 환하게 빛나는 하얀 대리석으로 되어있고, 아랫부분은 널찍하고 튼튼하며, 콘서트홀 중앙에 있는 정육면체가 가장 꼭대기에 있다. 콘서트와 컨퍼런스 센터로 만들어졌으며 1971년에 완공되었다.

핀란디아 홀은 문화 관련한 건물들이 일렬로 나열된 곳에 있고, 이 지역은 알토가 수행한 헬싱키 도심부 종합계획의 핵심이 되었다.(다만 두 건축물만 실제로 만들어졌다.)

알토의 총체적인 안목은 건축물을 실용적으로 만들었으며, 또한 그의 가구 디자인처럼 강렬하고, 통일된 미적 특질을 창조했다.

No. 41 1930–1

MART STAM 1899–1996

마르트 슈탐은 캔틸레버 구조의 의자를 특허 냈던 디자이너로, 의자 디자인 역사에서 중요한 역할을 맡고 있다. 건축가로서는, 바이센호프 주거단지 프로젝트에 이바지한 것으로 국제적인 인정을 받았다. 그는 1920년대 후반에 바우하우스 스쿨의 객원교수로 활동하며, 건축 이론, 도시계획을 가르쳤고 1939년에는 네덜란드의 산업예술학교 교장으로 임명됐다.

S33 1927

슈탐은 S33 디자인을 위해서 네 개의 의자다리 없이 서는 의자를 만들 수 있을 때까지 가스 파이프를 가지고 금속을 구부리는 실험을 했다. 프레임은 신축성이 있으면서 안정감이 있고, 좌석과 등받이를 이루는 가죽 끈 두 개가 스틸 튜브를 감싸고 있다. 그리고 스틸과 가죽의 조합은 단순함에서 우아한 느낌이 전달된다. 캔틸레버 구조는 이 디자인에서 유래되었고, 이후 수많은 디자이너에게서 확장되어 사용됐다. 의자의 현대적인 형태는 당시 건축물들의 특징을 담고 있는데, 가장 대표적인 건축물은 슈탐 자신이 디자인한 것이었다.

슈탐이 슈투트가르트에 만든 바이센호프 주거단지는 그에게 유명세를 가져다주고, 또한 동시대의 건축가들인 발터 그로피우스(p.30), 미스 반 데어 로에(p.32), 르 코르뷔지에(p.34)와 함께 일하는 기회를 주었다. 주거단지는 주거용 건물에 관한 독일공작연맹 전시회를 위해 만들어졌는데, 새로웠고 영향력이 매우 컸다. 33개의 주택, 전체적으로 63개의 방을 가진 이 주거단지는, 프랑스, 벨기에, 독일, 네덜란드, 오스트리아에서 온 17명의 건축가들이 디자인했다.—이 저명한 건축가들 사이에서 슈탐은 겨우 28세로, 가장 나이가 어린 사람이었다.

프로젝트는 도시주택에서 신선한 소재와 건축방법을 찾아보려는 실험이었고, 근대의 도시 주민들의 기대와 요구에 부합했다. 슈탐이 디자인한 건물은 근대 거주공간의 주요한 예시이며, 실용적이면서, 시각적으로 매우 단순하고 가벼운 그의 의자처럼 간결한 구조를 가졌다.

Weissenhof Estate

Stuttgart, Germany 1927

Maison Démontable 8x8 1945

장 푸르베는 활동하는 내내 건축물과 가구 디자인을 훌륭하게 조합했다. 그는 두 분야를 모두 독학했다. 블랙스미스에서 금속세공을 배우고 나서, 프루베는 1923년 자신의 작업장을 차린다. 9년이 지나고, 이 작업장은 장 프루베 아틀리에가 됐다. 1947년에 그는 생산력을 키우기 위해 막세빌에 자신의 공장을 세웠다. 그리고 2002년부터는 비트라와 협업을 이루어 그의 수많은 가구디자인의 수정버전을 생산해오고 있다.

JEAN PROUVÉ 1901–1984

1934년에 만든 스탠다드 체어는 프루베의 가장 잘 알려진 의자 디자인이다. 그는 의자 프레임의 뒷부분을 강조했다: 뒤쪽 의자 다리는 두툼하고, 세모진 부분은 단단한 등받이와 좌석과 조화를 이룬다. 이러한 모든 부분은 나무로 만들어졌지만, 눈에 띄게 얇은 앞쪽 의자다리는 스틸로 만들어졌다. 이러한 형태에도 불구하고 의자는 균형이 깨진 것처럼 보이지 않으며, 실용적이고 매우 독창적이다. 특히 뒤쪽 의자다리 모양은 의자의 체중지지 용량을 늘리고, 프루베가 의자구조를 어떻게 생각했는지 보여준다.

의자와 비슷한 특징들이 그가 디자인한 건축물에서도 보이는데, 바로 금속과 나무를 조합한 점이다. 8×8 데몽타블 하우스는 1945년 만들어졌고, 프루베가 만든 많은 조립형 주택에 속한다. 2차 세계대전 이후 주택 수요의 증가는 프루베가 낭시 교외에 막세빌 공장을 세운 이유 중 하나였다. 전체 면적이 64㎡(689 sq ft)인, 원룸 형태의 이 하우스는 단순하면서도, 기술적으로 혁신적인 컨셉이었다. 건물의 조립 부분들은 환경 친화적인 소재로 구성되었다: 스틸 도어 프레임, 슬래브 지붕, 나무 벽, 그리고 대형 유리창으로 이뤄졌다. 중앙 빔은 건물의 주요 기둥 역할을 하는데 스탠다드 체어의 뒤쪽 의자다리를 닮았다: 알아보기 쉽고 단순한 구조에, 튼튼하고, 기능적인 면이 두드러진다. 하우스는 가볍고 해체하기 쉬우며, 트럭 한 대로 조립 파트들을 운송해서 하루 안에 다시 조립 할 수 있다. 이 시스템의 기능–의자만큼 휴대성이 좋은 하우스–은 특히 주택 공급이 부족한 시대에 굉장히 매력적이었다.

Standard Chair
1934

ARNE JACOBSEN 1902–1971

아르네 야콥센은 본래 화가가 되고 싶었지만, 아버지의 조언을 따라 코펜하겐에 있는 덴마크 왕립 미술 아카데미의 건축대학을 다녔다. 그는 건축물, 섬유, 벽지, 은식기류, 그리고 특히 가구를 디자인했다. 1934년부터는 프리츠 한센과 협업을 시작했는데, 프리츠 한센은 현재에도 계속 그의 디자인을 생산한다. 그의 가장 대표적인 의자 디자인은 1955년에 만든 앤트와 시리즈 7이다.

Ant 1952

앤트 체어는 야콥센과 프리츠 한센의 효과적인 공동 작업으로 만들어진 굉장한 디자인이다. 원래는 1952년 덴마크의 헬스케어 회사인 노보 노르딕의 구내식당을 위해 만들어졌으나, 순식간에 그의 가장 유명한 작업 중 하나가 되었고 많은 가정과 사무실에서 쓰이고 있다. 앤트가 주목을 받는 것은 의자의 실루엣과 함께 튼튼한 구조 때문이다. 의자는 합판과 크롬으로 된 의자다리 3개로 되어있고, 겹쳐서 쌓아놓을 수 있다.

지금은 모두가 인정하는 상징적인 위치에 있지만, 당시 제조업자들은 이 디자인이 잠재력이 있다는 것이 의심스러웠고, 야콥센이 의자가 팔리지 않는다면 자신이 모든 의자들을 구매하겠다고 선언하자, 겨우 생산이 진행됐다. 결국 앤트 체어는 야콥센이 회사를 위해 만들었던 모든 가구 디자인 중에 가장 큰 성공을 이뤘다. 야콥센은 스스로 이렇게 말했다: '나는 필요성을 바탕으로 작업했다: 어떤 의자가 필요한가? 요즘 대부분의 새 건물에 있는 주방의 조그만 방에 새로운 유형의 의자, 작고 가벼우며 저렴한 의자가 필요하다는 것을 알게 됐다. 동시에 잘 쌓아 놓을 수 있는 의자로 구내식당에서 사용할 수 있는 의자도 만들었다. 이 의자는 의자끼리 서로 끼워 쌓을 수 있어서 시간과 에너지를 절약할 수 있다.'

야콥센은 덴마크 국립은행 건물을 석재로 만들었는데, 석재는 건축물의 엄청난 규모를 부각시킨다(중앙 홀은 6층 높이이다). 유리로 된 외관은 이 엄청난 석재와 균형을 이룬다. 대리석이 바닥과 벽을 덮었으며, 우아하고 엄숙한 실내를 마무리로 다듬는다. 건축물의 전체적인 디자인은 앤트 체어처럼 각 소재들이 하나로 어우러지고, 완벽하게 기능성이 반영된 형태이다.

National Bank of Denmark
Copenhagen, Denmark 1965-78

MARCEL BREUER 1902–1981

Isokon Dining Chair
1936

마르셀 브로이어는 18세에 고국 헝가리를 떠나, 바우하우스의 최연소 학생이 되었고 1924년에 졸업했다. 독일에서 계속 살며 일하다가 1937년 미국으로 이민을 가서 생을 마감할 때까지 살았다. 하버드 대학교에서 교수직을 맡는 동안 발터 그로피우스(p.30)와 공동 작업을 하고, 파리에 유네스코 본사 짓는 프로젝트에 참여하며 세계적인 찬사를 받았다. 브로이어는 뉴욕의 메트로폴리탄 미술관에서 개인전을 치른 첫 번째 건축가였다.

브로이어는 마르트 슈탐과 같은 시기에 스틸튜브로 된 가구를 실험했는데, 이러한 일은 결국 저작권 분쟁 소송을 낳았다. 그가 만든 금속 튜브로 된 의자는 가구디자인에 혁명을 일으켰지만, 그의 레퍼토리에서는 이 의자만 혁명적인 디자인인 건 아니었다. 그는 미국으로 가기 전에 런던의 이소콘에서 몇 년 동안 일했고, 이소콘은 적층재로 가구를 만드는 회사였다.

브로이어는 납작한 합판 조각들로 1936년부터 다이닝 체어 등 회사를 위한 가구들을 만들었고, 소재와 구조적인 면에서 모두 스틸튜브로 된 의자 디자인보다 자연스러웠다. 모든 부분이 광택이 나고 곡선이 졌고, 날카로운 모서리가 없었다. 심지어 납작한 의자다리 네 개는 발이 평평한 면이 아니라 U자형이다. 커다란 좌석과 조그만 등받이, 두툼한 의자다리는 얇고 구부러진 합판으로 만들어졌다. 마치 의자가 널빤지 한 장에서 오려낸 것처럼 보이지만, 의자의 모든 중요 부분들은 매끄럽게 결합된 개별 조각들이다. 첫인상에 브로이어의 의자는 튼튼하고 단단해 보이지만, 명확한 구조와 비율은 의자를 우아한 느낌이 들게 한다.

이러한 묘사는 브로이어의 가장 유명한 작업인 뉴욕의 휘트니 미술관에도 적용된다. 1930년 거트루드 반더빌트 휘트니가 설립했으며, 미술관 소장품은 빠르게 증가해서 여러 번의 이전이 필요했다. 브로이어가 해밀턴 스미스, 마이클 어빙과 함께 공동 작업해서 디자인한 건축물은 1961년에 공사를 시작해서 1966년에 완성됐다. 건축물은 정육면체 형태를 따서, 같은 크기를 가진 콘크리트 블록으로 만들어졌다. 창문이 거의 없는 거대한 규모가 덩어리 같아 보이면서도, 거꾸로 쏟아지는 형상의 외관이 그 기운을 누그러뜨린다. 2014년 미술관은 맨해튼 남쪽에 있는 갠즈보트 거리의 새로운 부지로 이전했다.

Whitney Museum of American Art

New York, New York, USA 1966

CHARLES 1907–1978
AND RAY EAMES 1912–1988

찰스와 레이 임스는 미시간에 있는 크랜브룩 아트 아카데미에서 만났고, 찰스는 이후에 이 학교의 디자인과 학과장이 됐다. 부부는 1941년 결혼하고, 건축물, 가구, 섬유, 심지어 미국 군대를 위한 다리 스프린트까지 매우 영향력 있는 디자인들을 함께 만들었다. 또한 두 사람은 사진작가와 영화 제작자로 일하기도 했다.

EA105 1958

EA105 체어는 원래 라운지의자로 디자인 되었으나, 사무실 인테리어로 엄청난 인기를 끌고 있다. 알루미늄과 가죽 또는 천으로 된 좌석으로 만들어졌고, 아랫부분에 고정된 가는 의자다리 하나로 서있다. 그리고 의자 뒷부분의 아름다운 곡선은 부드러운 실루엣을 만든다. 두 사람은 제작을 가구회사 허먼 밀러에 맡겼는데, 허먼 밀러는 임스 부부의 많은 의자 디자인을 생산했다. 대성공을 이룬 의자의 비결은 세련된 디자인과 질 좋은 소재의 사용, 게다가 합리적인 가격이었다.

이보다 몇 년 전, 1949년 부부는 아트 앤 컬쳐 잡지사의 후원을 받는 케이스 스터디 하우스 프로그램에 참여해서 2차 세계대전의 여파 중에도 디자인과 효율적인 건축, 적절한 가격의 모던 하우스를 장려했다. 리차드 뉴트라(p.40), 에로 사리넨(p.58)를 포함해서 당시 가장 유명한 건축가의 대부분이 디자인에 참여했다; 36개 하우스는 대개 로스앤젤레스나 그 근교에 지어졌다. 부부가 패시픽 팰리세이드에 지은 건축물은 자신들이 사용하려 만든 것이었고, 조립식 요소들을 획기적으로 사용해서 찬사를 받았다. 조립식 요소에는 상업용 건물 현관문, 공장에서 쓰는 커다란 새시 창문 등이 있었는데, 무엇보다도 상업용 건물 소재들은 이전까지 주거용 건물에 쓰인 적이 없었다. 색은 구조적인 부분에 사용되었고, 인테리어는 채광이 좋았으며 널찍해서, 주거와 사무를 맞도록 유연한 공간계획을 할 수 있었다.

임스 하우스는 그들이 세상을 떠날 때까지 부부의 집과 스튜디오로 쓰였고, 실용적인 공간으로써 오래 쓰인 것은 디자인이 성공적이었다는 증거이다. 활동하는 동안, 임스 부부는 수많은 복합기능을 갖춘, 현대적인 디자인을 만들었고, 그 중 많은 수가 현재에도 계속 생산되고 있다.

Eames House

Pacific Palisades, California, USA 1949

OSCAR NIEMEYER 1907–2012

Rio 1978

브라질 건축가, 오스카 니마이어는 리우데자네이루의 국립 예술학교에서 건축 공부를 마친 직후, 오랜 기간 동안 많은 작업을 하며 국제적으로 찬사를 받았다. 1956년 니아미어는 새 수도의 건축 감독으로 지명되어 도시 건축물들을 디자인하는데 여러 해를 보냈다. 그 중 가장 대표적인 건물은 브라질리아 대성당이다. 니마이어는 또한 르 코르뷔지에(p.34)와 뉴욕에 UN 본사를 공동 작업했고, 1988년 프리츠커 상을 수상했다.

리오 셰즈 롱그는 1958년 니마이어가 딸 안나 마리아와 함께 디자인한 의자로, 제작은 텐도 브라질레이라가 제작을 맡았다. 의자는 성형 합판으로 만들어졌고, 좌석은 나무로 짜여있으며 머리 받침은 가죽으로 되어있다. 기대는 부분은 스프링을 닮은 합판으로 된 부분이 받치고 있어서 땅에서 떨어져 있다. 그리고 그 양쪽에 있는 작은 받침 두 개는 의자 전체에 아름다운 단순함을 증폭시킨다. 의자는 앉기 편안하면서도, 굉장히 아름다운 모습이다.

또한 니마이어는 물결모양 곡선을 건축물에도 사용했는데, 그의 건축물들은 위로 높이 솟아 있어서 도시경관을 변화시켰다. 한 예로 벨루오리존치에 있는 니마이어 빌딩은 20층 높이의 아파트 건물인데, 지면에서에서 꼭대기로 휘어진 곡선의 외관을 갖고 있다. 콘크리트로 만들어진 이 모더니즘 건축물은 니마이어의 다른 유명 건축물인 코팡 빌딩을 닮았는데, 코팡 빌딩은 1966년 상파울루의 주거지역에 만들어졌다. 코팡 빌딩도 곡선형 외관을 가지는데, 빌딩은 층의 구조를 규칙적인 패턴을 가지고 있다. 건물 표면은 이 엄청난 고층건물을 보다 정교하게 보이게 하고, 햇빛이 춤추듯이 건너가는 플랫폼이 돼준다.

니마이어 건축물의 대담하고 독특한 형태는 그의 다른 건축물 작업에서도 뚜렷하게 보인다. 초현대적인 디자인은 발전된 기술을 최대로 활용해서 만들었다. 그가 만든 건축물들은 콘크리트로 만들어진 기념비적인 구조이지만, 곡선을 새롭게 사용해서 놀라울 정도로 섬세하고 우아한 아름다움을 표현했다.

Niemeyer Building

Belo Horizonte, Brazil 1978

EERO SAARINEN 1910–1961

에로 사리넨은 창조성을 가진 부모님에게서 태어났다: 아버지는 크랜브룩 아트 아카데미의 교장이었던 건축가 엘리엘 사리넨이고, 어머니는 섬유 예술가였다. 1934년 예일 대학교를 졸업한 후, 사리넨은 아버지의 건축 사무소에서 일했다. 그의 경력사항 중에서 특히 더 중요했던 두 만남에는: 여러 공동 프로젝트를 함께한 찰스 임스(p.54)와; 동족회사(p.128)에서 사리넨의 대표적인 가구 디자인들을 생산한 플로렌스 크놀이 있다.

Dulles International Airport

Washington, DC, USA 1958

튤립체어를 포함해 크놀을 위한 받침대 컬렉션 디자인에서 사리넨의 주요한 목표는 의자다리의 수를 줄이는 것이었다. 의자의 본체는 섬유유리로 성형해서 만들어졌고, 받침은 흰색 페인트칠이 된 캐스트알루미늄으로 되어있다. 사리넨은 형태를 다듬는데 시간을 쏟았는데, 처음에는 드로잉에, 다음에는 모형을 가지고, 그리고 가장 첫 번째 제작 본은 자신의 다이닝룸에서 시험해보았다. '나를 즐겁게 하는 것은 언제, 어디서 이 플라스틱 구조의 형태를 사용하는지 이다'라고 그는 말했다. '다양한 가능성들을 더 깊이 조사하면서, 수많은 형태들이 똑같이 자연스럽다는 걸 발견했다.—못생기고, 흥미롭고, 세속적이고, 솟아있다. 어떤 형태인지에 대한 선택은 정말로 조각가의 선택에 따른다.'

사리넨은 크놀과 많은 시간동안 함께 일하며 여러 작품을 만들었지만, 튤립 체어가 가장 특별하다, 완벽한 비율과 새로운 소재의 실험, 유기적인 형태 그리고 우아한 곡선의 집합체였다. 이러한 세련된 디자인은 또한 그의 건축물에서도 보인다. 살아있던 당시 최고의 건축가 중에 하나였던 사리넨은 워싱턴D.C의 델레스 국제공항에 있는 터미널 건물같이 유명한 건축물들을 디자인했다—사리넨이 이후 현대적인 형식의 디자인이라고 말한 이 디자인은 그가 만든 것 중에 최고였다. 아담한, 2층 구조는 유기적 형태의 발상을 표현한다. 지붕의 곡선은 터미널 건물에 우아하게 매달려있고, 이륙하는 비행기 또는 날고 있는 날개가 기운 것을 연상시킨다. 사리넨의 디자인은 모두 조각적인 표현방식, 혁신적인 기술과 소재의 사용, 형식적으로 완벽함을 끝없이 추구한 것이 특징이다.

Tulip Chair 1955

FRANK GEHRY b. 1929

1970년대 프랭크 게리는 이지 엣지라는 이름의 가구 시리즈를 디자인했고, 합판을 두껍게 쌓아 만들었다. 건축물의 소품 대신에 가구 디자인으로 소비되는 것을 막기 위해 생산을 중단하겠다고 결정한 것은 잘한 일이었다. 시리즈는 수십 년 후까지, 게리의 손을 거치면 얼마나 소재가 유연해지는지 보여주었다. 40년이 지나고 게리는 헬러의 가구 컬렉션의 일부분으로 이지 라운지체어를 만들었고, 플라스틱 폴리머 한 덩어리를 회전 성형해서 제작했다. 그의 스타일은 즉각 알아볼 수 있고, 흐르는 선과 부드러운 곡선은 동적이면서 조각의 형태로 보인다. 의자 디자인의 아름다움은 구조와 소재의 미학에 존재한다. 매끈한 표면은 형태를 더 도드라지게 만들어준다.

게리의 건축 아이디어는 로스앤젤레스에 있는 월트 디즈니 콘서트홀의 디자인에서 보이는 것처럼 근본적으로 각 장소의 풍경을 다시 해석하는 것이다. 그의 가장 유명한 건축물 디자인인 구겐하임 빌바오는 제외하고 말이다. 콘서트홀은 로스앤젤레스 필하모닉의 홈그라운드이고 2003년 완공되었으며, 독창적인 디자인과 완벽한 음향시설로 칭송을 받았다. 건물 외관의 거대한 스틸 곡선면은 바람을 타고 밖으로 나아가는 돛을 닮았다. 건축물은 인상적인 규모와 단단한 소재에도, 조각적인 구성은 역동적인 분위기를 자아낸다. 이지 라운지체어처럼 기능적이면서 동시에 미적으로 훌륭하다.

Easy Lounge Chair 2004

1989년 프리츠커 상을 받은 프랭크 게리는 토론토에서 태어나, 서던 캘리포니아 대학과 하버드 디자인 대학원에서 공부했다. 로스앤젤레스를 기반으로, 미국, 유럽, 일본에 그는 많은 주거용 건물과 공공 건축물들을 지었다. 빌바오에 있는 구겐하임 미술관은 1997년 지어졌고 오늘날 활동하는 가장 독창적인 건축가들 사이에서 위상을 인정받았고, 대담한 디자인과 새로운 소재를 사용하면서 지속적으로 건축의 영역을 확장시켰다.

Walt Disney Concert Hall

Los Angeles, California, USA 2003

아라타 이소자키는 1954년 도쿄 대학교 건축학과를 졸업한 후, 1963년 자신의 사무소를 차리기 전까지 겐조 단게와 함께 일했다. 이탈리아 지사는 2005년 세워졌다. 잘 알려진 프로젝트 에는 일본 이바라키에 있는 미토 아트 타워와 로스앤젤레스에 있는 현대미술관이 있다. 이소자키는 1994년 영국 왕립건축협회의 명예회원이 되었고, 비평가와 건축 대회에서 심사위원으로도 활동했다.

M2 Concert Hall
Thessaloniki, Greece 2000

ARATA ISOZAKI b. 1931

이소자키의 마릴린 체어는 원래 1973년 텐도 저팬을 위해 만들어졌고 일본의 모던 디자인의 상징이 됐다. 현재 필라델피아 미술관의 영구 소장품으로 있으며, 의자는 일본 은행의 사장실에 쓰일 목적으로 만들어졌다. 자작나무와 검은색 가죽으로 된 의자는 앞에서 보면 다소 평범하게 보이고, 찰스 레니 매킨토시(p.24)의 디자인을 강하게 연상시킨다.

옆모습을 보면 이소자키의 유머가 드러난다. 높은 등받이가 일개의 경직된 나무보다는 마치 물이 흐르는 모양으로 아래쪽으로 물결모양을 이룬다. 의자 형태는 1904년 만들어진 매킨토시의 힐 하우스 체어의 영향을 받았지만, 좌석부분은 사다리꼴 모양으로 의자 구조가 좀 더 진짜로 역동적인 것처럼 만든다. 곧은 앞쪽 의자다리는 기울어진 뒤쪽 다리와 큰 대조를 이루는데, 마치 의자의 반쪽이 고체로 만들어지고 다른 한쪽이 녹기 직전으로 보이는 것처럼 보인다.

의자의 형태의 비슷한 상호작용이 그리스의 테살로니키에 있는 이소자키의 M2 콘서트홀에서도 보인다. 건물은 앞에서 바라보면 역시 담백하게 보이면서, 거대한 유리 외관과 널찍하고 채광이 좋은 인테리어를 가진 단순한 건축물이다. 하지만 건물 주변을 걷다보면 다른 측면들이 눈에 보인다. 콘서트홀 조각적인 부분의 옆면과 건물외관의 뚜렷한 기하학적 부분은 정반대의 소재들과 건물규모, 급한 사선형태의 계단으로 인해 따로 분리된다.

마릴린 체어와 M2 콘서트홀 둘 다 세련된 디자인이다. 고전적인 형태와 특별한 요소로 이소자키 작업의 특징적 모습인 기하학적인 선과 동적인 형태의 상호작용이 조합되어있다.

Marilyn Chair 1973

건축가와 디자이너로서, 알렉산드로 멘디니는 지속적인 실험을 하는 사람이었고, 그의 별나고 상상 속에 나올 것 같은 디자인은 창의적인 모양, 색, 패턴 등의 화려한 요소들을 조합한다. 그는 디자인 잡지의 발행인이자 예술단체의 공동창립자, 밀라노에 있는 도무스 아카데미의 설립자, 상업적인 브랜드와 함께 일한 첫 번째 디자이너이다. 밀라노에서 태어나 계속 그곳에서 거주했으며, 자신의 형 프란체스코와 1989년부터 건축 스튜디오를 운영하고 있다.

Groninger Museum
Groningen, Netherlands 1994

ALESSANDRO MENDINI b. 1931

그로닝거 미술관이나 멘디니의 프루스트 체어의 대리석 에디션을 보면 '꿈같은'이라는 단어는 생각난다. 멘디니는 건물이나 가구류가 어떻게 보여야 하는 지에 대한 선입견을 활용했다: 미술관 디자인은 형태가 기이한 배열을 가지고 있고, 한편 의자는 대리석으로 만들어졌지만 부드럽고 천이 씌어 있는 것처럼 보인다.

의자는 1978년 멘디니의 대표적인 디자인을 재해석한 것이며, 대량생산에 대한 비판이다. 첫 번째 의자는 폴 시냐크의 점묘기법에서 영감을 얻어 18세기 네오바로크 체어를 손 그림 이미지로 만들었다. 새 버전은 리디자인 시리즈의 시작을 알렸다: 모든 것이 이미 만들어졌다면, 이미 존재하는 것을 리디자인할 때 왜 새로운 형태를 찾는가?

비슷한 생각이 그로닝거 미술관에 대한 그의 관점에서 분명하게 보인다. 디자인 과정에 다른 건축가들을 불러 함께 작업했는데, 멘디니가 디자인 한 부분은 시기와 양식이 다른 요소들이 뒤섞인 것처럼 보인다. 구조는 기존의 규칙을 하나도 따르지 않는다: 역사적인 부분은 키치한 것으로 섞였고, 다른 디자인에서 가져온 패턴은 현대적인 소재와 함께 쓰였다. 이러한 작업들은 모두 멘디니가 자신의 작업에서 개성을 표현하고, 더 나아가 놀라운 부분까지 창작하고 싶었던 것을 보여준다.

Marble Armchair
2014

ÁLVARO SIZA b. 1933

알바로 시자는 1955년 포트토 대학교 건축학과를 졸업하기 전에 이미 자신의 작업장을 차리고 첫 번째 건물을 완공했다. 1992년 프리츠커 상을 포함해 많은 상을 수상하고, 2012년에는 베니스에서 열린 제13회 국제 건축 박람회에서 황금사자 공로상을 받았다. 유럽과 미국에서 개인 주택, 주거 단지, 사무실 건물부터 대학, 아트 갤러리, 상점, 수영장에 이르기까지 다양한 범주의 프로젝트를 수행했다. 많은 그의 건축물들은 자신의 고향인 포르투갈의 포르토나 그 인근에 세워졌다.

Portuguese Pavilion
Lisbon, Portugal 1998

Serpentine Gallery Pavilion Chair
2005

시자는 건축가 두아르두 수투 데 무라, 에이럽 회사의 엔지니어 세실 발몬드와 함께 런던에 서펜타인 갤러리 파빌리온을 만들었고, 의자는 이 건축물을 위해 특별히 제작됐다. 파빌리온의 구조는 기본적으로 단순한 직사각형 격자에 바탕을 두고 있는데, 역동적인 곡선미가 있는 형태를 표현하기 위해 일그러져 있으며, 수목 빔이 서로 맞물리게 쌓여져 만들어졌다. 눈에 띄는 요소로 천장과 벽을 이루는 폴리카보네이트의 반투명한 판이 있고, 인테리어를 밝게 빛나게 만든다.

유사한 조합이 가구에서도 쓰였다. 나무 프레임은 파빌리온 구조의 그리드 시스템을 반복하고, 뼈대를 이루는 반투명한 판도 건물과 비슷하다. 의자다리는 구부러진 나무 만들어진 아치 모양이고, 파빌리온의 물결모양을 닮았다. 반투명한 좌석과 등받이, 빛을 여과시키는 광택 없는 유리는 단단한 프레임이 한층 누그러지게 만든다.

유기적이고 기하학적인 구조와 빛으로 만들어진 형태는 시자의 작업에서 빈번하게 나타난다. 1998 리스본 엑스포를 위해 만든 포르투갈 파빌리온은 엑스포보다 2년 전에 만들어졌고 해당 장소의 기념이 되는 출입문 역할을 했다. 무라, 발몬드와 함께한 다른 공동작업으로 두 건물을 세트로 지은 것이 있는데, 건물들이 서로 간격을 두고 있고, 거대한 캐노피 천이 걸쳐진 것 같은 콘크리트 조각으로 연결되어 있다. 시자는 다시 한 번 기하학과 곡선을 역동적으로 결합했고, 단단한 소재와 유연한 형태 사이의 대조 또한 완성했다.

NORMAN FOSTER b. 1934

노만 포스터는 맨체스터 대학교 건축과 도시계획 학과와 예일 대학교에서 공부했다. 1963년 팀4를 공동 창단하고, 4년 후에는 런던 기반의 포스터 연합(현재는 포스터+파트너스로 불린다)을 만들었다. 스튜디오는 범위가 종합도시계획, 공공 시설물, 공항부터 박물관, 사무실 건물까지 이르는 프로젝트들을 전 세계적으로 수행했다. 1983년 포스터는 건축으로 왕립 금메달을 수상했고, 1999년에는 제21회 프리츠커 건축 상을 받았다. 그리고 포스터는 1990년 기사작위를 받았다.

1006 Navy Chair 2006

30 St Mary Axe

London, UK 1997–2004

1006 네이비 체어는 포스터와 알루미늄 의자 기업인 에메코가 함께 작업했고, 2차 세계대전 중에 잠수함을 위해 만들었던 에메코의 클래식 올 알루미늄 모델 10-06 네이비 체어에서 영감을 얻었다. 포스터가 만든 의자도 역시 전체가 알루미늄으로 만들어졌지만, 가느다란 프레임으로 디자인해서 소재를 15 퍼센트 가량 적게 사용했다. 게다가 의자에 사용한 알루미늄의 80 퍼센트는 재활용한 것이다.

쌓아 올릴 수 있고, 환경 친화적인 이 의자는 영감을 얻었던 앞전 의자처럼 적어도 150년 동안 오래 사용할 수 있는 지 확인하는 테스트를 거쳤다. 의자는 물리적으로 가볍지만, 인체 공학적인 구조가 매우 단단하고 445kg(981 lbs)까지 견디는 것으로 확인됐다. 좌석과 등받이는 손으로 용접해서 이음새가 말끔해 보인다. 소재가 주는 아름다움은 의자의 형태에서 부각된다: 가느다란 의자다리, 넓고 살짝 곡선이 진 등받이 그리고 부드럽게 모서리를 넘어 늘어지도록 바깥쪽으로 휜 좌석이 바로 그렇다. 전체적으로 작고 광택이 나는 구조가 근대적, 현대적으로 보인다.

포스터가 런던의 30 세인트 메리 엑스에 지은 41층 높이의 고층빌딩은 의자와 같은 접근방식으로 만들어졌다. 건축물은 애정이 담아 '오이 피클'로 불리는데, 피클을 닮은 건물의 독특한 형태는 도시의 스카이라인을 배경으로 두드러져 보인다. 눈에 띄게 광택이 나는 건물 외관은 기둥이 하나도 없는 바닥 공간으로 둘러져 있는데, 이것은 건물 구조에 쓰인 특별한 버팀대 때문이다. 디자인은 신선하며 또한 런던의 첫 번째 생태학적인 고층건물로도 불린다. 각 층 사이에 있는 특별한 아트리움은 외벽의 열리는 문을 통해 상쾌한 공기를 순환시켜서, 이 건축물이 에어컨이 있는 전형적인 사무용 건물이 쓰는 에너지의 절반만을 소비하게 돕는다. 두 가지 디자인 모두—의자와 건축물—혁신적인 기술력과, 정밀한 구조, 현대적인 모양 그리고 자연 친화적인 접근법이 특징이다.

RICHARD MEIER b. 1934

Armchair 810
1978/2012

리차드 마이어는 뉴욕의 코넬 대학교를 졸업하고 1963년 자신의 사무실을 차리기 전까지 마르셀 브로이어(p.52)와 함께 일했다. 개인 주택, 박물관, 도서관, 사무실, 종합적인 도시 계획을 미국, 아시아, 유럽에서 수행했고 가장 잘 알려진 건물은 로스앤젤레스에 있는 게티 센터와 바르셀로나 현대미술관이다. 그는 1984년 프리츠커 상을 포함해 수많은 상을 받았으며, 제품 디자인 제조업자들과 공동작업을 했다.

암체어 810은 원래 1978년 크놀(p.128)을 위해 만들어졌으며, 2012년 슈타다 프로젝트에서 다시 세상에 나왔다. 단풍나무와 베니어합판으로 되어있고, 마이어가 1980년대에 나무를 구부리는 새로운 기술을 사용해서 만든 작업들의 연장선이다. 규칙적이고 반원형의 프레임은 좌석의 오목한 표면을 두르고 있다. 의자의 각 부분들이 이루는 비율은 적절해서, 우아하고 또한 형식적으로 단단해 보인다. 그의 훌륭한 솜씨가 의자의 현대적인 디자인을 만나 수준 높은 가구 한 점이 탄생했다.

'나의 제품 디자인은 나의 건축물처럼 모더니즘의 방식을 고수한다. 그래서 비례, 규모, 그리고 기본적이고 강한 기하학적 구조의 표현에 집중한다'라며 마이어는 말한다. '가구와 일상생활용품의 디자인을 작업하면서, 무엇이 완전한 라이프스타일을 담을 수 있을지를 목적으로 디자인하던 인습에 가담하고 있는 걸 의식하게 됐다. 요셉 호프만(p.26), 프랭크 로이드 라이트(p.22), 또는 바우하우스 같은 교육기관의 건축가들은 이런 생각으로 디자인을 했다. 나의 경우, 이론적인 시작 지점은 일관되게 정통 모더니즘에 두었다'

로마에 있는 아라 파키스 박물관은 2006년 지어졌고, 티베르 강의 제방에 놓인 길고 빛나는 로지아로 구성된 단층 구조 건물이다. 거대한 유리 외벽은 강화 콘크리트와 대리석으로 만들어진 건물 부분과 대조를 이루지만, 건물 각 부분의 비례는 전체적인 조화를 이루는 데 기여한다. 기하학적인 구조는 아담하고 균형을 이루고 있다. 건축가의 형식을 표현하는 방식은 건축물이든 소품이든 강하게 표현되었지만, 그가 디자인한 것들은 완벽한 비율 덕분에 선명하고 세월이 흘러도 세련되어 보인다.

Ara Pacis Museum

Rome, Italy 2006

밀라노 태생의 마리오 벨리니는 1959년 밀라노 폴리테크닉에서 학위를 받고, 밀라노에서 거주하며 일했다. 그의 작업은 건축, 가구, 산업디자인, 도시 설계 등을 아우르며, 그는 또한 도무스 잡지의 편집장이었다. 1987년 뉴욕 현대미술관은 벨리니의 작품을 위한 전시회를 열었다. 그가 만든 건축 디자인에는 밀라노의 포르텔로 무역 박람회 지역; 도쿄 디자인 센터; 에센 무역 박람회 증축; 멜버른의 빅토리아 국립 미술관; 파리에 있는 루브르 박물관의 이슬람 미술 새 전시관이 있다.

'Green Towers' Deutsche Bank
Frankfurt, Germany 2006–11

MARIO BELLINI b. 1935

KI 2010

일본어로 *ki*는 모든 물건에서 느껴지는 기운을 뜻한다. 이러한 철학에서 벨리니는 영감을 얻었고, 고전적인 형태가 살짝 물결 모양을 이루어서 세련된 모더니즘 디자인의 KI 체어를 만들었다. 물결모양의 가벼운 외형은 폴리우레탄폼으로 만들어졌고, 한편 등받이는 다이아몬드의 구조를 연상시키기 위해서 양각으로 새겨진 장식이 있다. 인간공학적인 생김새와 단순한 구조의 조합은 환경 친화적이면서도 우아한 형태를 낳았다.

생태학적인 측면은 건축가에게 아주 중요하다. 의자는 삼림벌채의 영향을 막기 위해 나무 농장에서 가져온 목재로 만들었고, 페인트는 수성 페인트이다. 첨단 기술을 이용한 디자인은 KI 체어의 균형에서 보이는 것처럼 기발하고 창의적인 컨셉을 아우른다. 형태를 비튼 것은 미묘하지만 의자의 디자인을 우아하게 만들고, 거미 같은 생물체가 가늘고 굽은 다리로 앞으로 기어가는 것과 비슷해 보인다.

도이치뱅크 본사의 리노베이션, '그린 타워'은 고전적인 형태를 비슷하게 재해석한 것이다. 고층건물 단지는 우아하고 초현대적이다. 유리로 된 건물의 모서리는 부드럽게 처리가 되었고, 건물 외관을 덮는 창문의 격자는 KI에서 보이는 것과 같이 다이아몬드 무늬를 표현했다. 벨리니는 건물 디자인에서도 기후보호를 위해 애썼다: 사용된 소재의 98 퍼센트가 재활용이었다. 건축물의 전반적인 절약은 의미가 있다: 전기는 55 퍼센트, 물은 74퍼센트, 그리고 CO_2는 89퍼센트 절약했다. 친환경적인 기술, 세련된 형태, 우아한 디자인은 모두 벨리니의 디자인의 결정적인 부분이다.

Fondation Jérôme Seydoux-Pathé
Paris, France 2014

렌조 피아노는 아마도 리차드 로거와 함께 짓고 1977년에 문을 연 퐁피두센터로 잘 알려져 있을 것이다. 피아노는 1998년 프리츠커 상을 받았고 바젤에 있는 바이엘러 미술관, 뉴욕 타임즈 타워, 오사카의 간사이 국제공항 터미널, 런던의 샤드 등 수많은 상징적인 건축물을 디자인했다. 1981년 그는 150명을 한 팀으로 렌조 피아노 건축사무소를 설립했고, 현재 파리, 제노아, 뉴욕에 사무실을 두고 있다.

RENZO PIANO b. 1937

렌조 피아노의 작업 경력에 의자 디자인이 있는 지 모든 디자인 전문가들이 아는 것은 아니다. 피아노가 디자인한 의자 중에 가장 최근에 만든 것은 리바1920가 제작했고 2014년에 생산됐다. 의자는 금속 소재는 하나도 없이 온전히 목재로 만들어졌고, 기울어진 등받이와 널찍하고 조각으로 돼서 편안하고 인간공학적인 형태의 좌석으로 되어있다. 최신 모델은 좌석이 살짝 넓어지고 등받이가 좁아진 것만 다르다; 소재와 제작과정은 변하지 않았다. 건축가의 건축물처럼, 의자도 단단하면서 동시에 가벼워 보인다.

피아노의 가장 최근의 건축 작업 중에는 영화사인 제롬 세이두 파테 재단의 건축물이 있는데, 사무실과 기록물 보관소, 전시 공간, 영화관으로 쓰인다. 19세기에 지어진 이웃 주택들 사이에 들어가기 위해서, 건축물은 달걀 형태로 지어졌다. 구조는 나무로 만든 거대한 늑골형태가 주를 이루고, 반투명한 유리 타일로 덮여있으며, 마치 피아노 디자인 체어처럼 최상의 형태를 만들기 위해 조각된 것처럼 보인다. 의자와 건축물은 기능을 따르는 이상적인 형태와 조화를 이루면서 자신들이 놓인 공간을 우아하면서도 확고하게 서있다.

Piano Design Chair
2014

GAETANO PESCE b. 1939

가에타노 페셰는 이탈리아 라스페치아에서 태어났고 베네치아 대학교 건축학과에서 건축을 공부했다. 그의 경력으로는 건축물, 인테리어 디자인, 도시계획, 산업 디자인이 있다. 건축가와 디자이너의 역할을 함께 하면서 페셰는 개인건물과 공공건물도 만들었다. 또한 전 세계의 여러 학교에서 학생들을 가르치기도 했다. 그는 베니스, 런던, 헬싱키, 파리 등에서 거주했지만, 1980년 이후로는 뉴욕을 거점으로 생활했다. 예술을 제품으로 바라봤으며, 그의 작업은 예술과 디자인 그리고 산업 사이의 경계를 허물었다.

Bahia House

Bahia, Brazil 1998

메리탈리아 제조사와 함께 디자인한 몬타나라 암체어는 풍경과 가구 한 점 사이의 어느 영역을 차지하고 있다. 의자의 창의적인 형태는 각 부분을 씌우고 있는 천에 담긴 그림에 따라 달라진다. 예를 들어 등받이는 천 커버에 보이는 산의 모양을 하고 있는데, 눈이 쌓인 암석으로 된 산 정상을 따라 윤곽이 드러난다. 각각 높이가 다른 팔걸이는 고르지 않은 지형을 나타내고, 숲인 지역을 보여준다. 반면 좌석의 널찍한 앞부분은 폭포를 표현한다: 평평한 좌석은 폭포의 아래 못을 나타낸다. 미적인 매력과 더불어 의자는 편한 소재로 만들어졌다. 디지털로 프린트된 면직물이 폴리우레탄으로 된 본체를 씌우고 있다. 의자의 디자인은 예술과 잘 조합하는 페셰의 능력 잘 보여준다 - 의자의 경우는 사진을 다뤘다.

페셰는 디자인된 제품과 건축물을 경험하는 전통적인 방법에 꾸준히 도전했다. 그는 브라질 바이아의 해변에 위치한 자신의 개인 별장에 틀에 박히지 않은 건축 형식을 사용했고, 건축물은 형태와 색감이 중요한 부분을 차지한다. 바깥벽은 색이 화려한 타일과 유리로 덮여있는데 안토니 가우디(p.14)의 작업을 연상시키고, 비늘로 뒤덮인 표면은 자연 생물체를 나타낸다. 하우스의 어떤 부분은 암체어와 유사한 방식을 사용했는데, 다이닝 공간의 얼굴을 닮은 벽처럼 특정한 형태를 떠올리게 만들어졌다. 다방면을 조합하고 2층으로 된 이 거대한 공간은 가까이서 구할 수 있고 물과 햇빛에 강한 소재로 지어졌다. 페셰의 각 작업들은 시각적으로 자극을 주고, 건축과 예술, 디자인이 기능적으로 훌륭하게 어우러졌다.

Montanara 2009

TADAO ANDO b. 1941

일본에서 태어난 안도 다다오는 세계에서 가장 존경받는 건축가에 속한다. 그는 건축가로서 정식 교육을 받지 않았으며, 대신 유럽과 아프리카, 미국을 광범위하게 돌아다니며 실력을 연마했다. 1969년에 자신의 사무실을 차렸고 1995년에는 프리츠커 상, 2002년에는 미국 건축가 협회에서 금메달을 수상하는 등 수많은 상을 받고 있다. 안도는 또한 미국 건축가 협회와 런던 왕립미술관의 명예회원이다.

Dream Chair (TA001)
2013

TA001 드림 체어는 안도의 유일한 의자 디자인이며, 덴마크의 가구업체인 칼 한센 앤 선이 제작했다. 의자는 원래 3차원의 합판으로 만들어졌고, 제조업자는 몰딩과정에서 두 개의 축을 따라 소재를 구부리려면 소재의 한계를 뛰어넘어야 한다는 걸 알게 됐다. 의자는 현재 오크나무 또는 호두나무를 소재로, 천이나 가죽으로 덮여 있거나 혹은 없는 채로, 조절 가능한 목 받침이 함께 구성되어 나온다. 휘어진 합판 시트는 넓은 좌석을 형성하고 팔걸이와 머리받침을 아우르며, 널찍하고 발판 같은 의자다리 위에 놓여 있다. 의자다리는 의자 윗부분의 무게를 지탱한다. 의자 구조는 좌석에 타원형으로 뚫린 부분으로 인해 부서지기 쉬워 보인다. 전형적인 일본 디자인의 단순한 형태와 유기적인 특징은 모든 각도에서 볼 필요가 있는 조각적인 형태를 창조했고, 현대적인 모습을 표현한다. 단순함과 정교함이 의자에서 만나 사용자를 그 안에 빠뜨린다. 안도는 자신의 의자를 한스 웨그너의 미니멀리즘 디자인에 대한 헌사로 받쳤다. 공간과 소재의 동일한 감각이 안도의 건축물에서도 느껴진다.

그는 드림 체어처럼 거대하고 이음새 없는 표면으로 작업했고, 전체가 이루는 효과에 관심을 두었다. 오사카의 빛의 교회 디자인은 두 개의 직사각형 덩어리로 되어있으며, 인테리어를 예배실과 주일학교로 나누는 두 개의 콘크리트 벽이 있다. 대부분의 벽과 천장은 부드러운 콘크리트로 만들어졌다. 예배실의 제단 벽을 다듬어 만든 십자형은 전체적인 높이와 너비를 확장시킨다. 빛줄기와 거친 소재 사이의 상호작용은 이 공간을 정의한다. 단순한 주제와 그 표현은 공간을 갇혀있는 느낌이 아니라 시적인 느낌으로 만든다.

Church of the Light

Osaka, Japan 1989

MARIO BOTTA b. 1943

마리오 보타는 루가노에 있는 칼로니 앤 카메니쉬 건축 회사의 견습생으로 경력을 시작했다. 그는 밀라노에서 예술 고등학교를 다닌 후, 베니스 대학교 건축학과에서 공부했다. 1969년 졸업하고 1년 후 자신의 고향인 스위스 멘드리시오에 단독주택을 디자인하는 작업을 시작했다. 아마 캘리포니아에 있는 샌프란시스코 현대미술관으로 잘 알려진 보타는 범위가 개인주택과 복합 사무실부터 교회, 박물관, 도서관까지 이르는 전 세계의 프로젝트들을 수행했다.

Quarta Chair
1984

이탈리아 가구업체 앨리어스를 위해 만든 콰르타 체어는 1884년의 디자인에 바탕을 둔 것이며, 100여 년 후에 실제로 만들어졌다. 의자는 두 개의 겹쳐있는 삼각 요소를 기반으로 구조를 이룬다: 큰 삼각형이 프레임 역할을 하고, 작은 삼각형이 중간 높이에서 교차하며 좌석 역할을 한다. 프레임과 뒷부분은 알루미늄 튜빙과 크롬 도금이 된 PVC 스페이서로 이루어졌다.(에폭시로 분체도장된 검은색 폴리우레탄 버전도 있다)

'의자 같은 제품은 강렬하고 명료한 건축의 이미지와 기억을 계속 가꿔가기 위해 디자인한다'라며 보타는 말한다. '실재하고 동시에 마술 같으며, 나타났다 사라지기도 하고, 애가 타도록 가깝거나 혹은 멀리 있는 메아리처럼 몽롱하게 떨어져 있는 "존재"라는 것을 찾고 있었다.' 의자의 튜브 구조는 눈에 띄는 시각효과를 일으키고, 첫 인상보다 매우 가볍다. 보타는 말을 이었다: '빛에 의해 물리적인 물체가 형성되길 바란다. 의자의 고형이며 동시에 비어있는 상태는 스틸 튜브를 교차해 사용하면서 형성됐고, 프레임 구조를 만들기 위해 이용한 결을 분명하게 보여준다.'

의자는 지극히 건축적인 겉모습을 가지며, 통일되었으면서도 다채로운 모습으로 거대한 규모를 결합한 보타의 예리한 감각을 보여준다. 그가 이탈리아 세리에이트에 지은 교회는 사각형 모양의 부지에 만들어졌다. 건물구조는 두 개의 불규칙적이고, 나란히 역동적으로 오르는 형태로 이뤄졌다 - 하나는 문을 닮았고, 다른 하나는 날개를 닮았다. 건축물은 자연 암석이 합해진 강화 콘크리트로 지어졌다; 안쪽에는 금박을 입힌 목재로 된 판이 있다. 건물은 견고한 크기를 자랑하지만 조각 방식으로만 만들어졌다. 엄청나게 큰 기하학적 요소들을 합치는 보타의 디자인은 대단한 작품을 낳았다. 보타의 작품들은 단단하지만, 빛이 여러 표면에 드리워서 형성된 정신성의 느낌이 든다.

Church
Seriate, Italy 2004

1975년 런던의 건축협회 건축학교를 졸업한 후, 렘 콜하스는 엘리아, 조 젱겔리스, 마들론 브리센도프와 함께 도시 건축 사무소(OMA)을 세웠다. OMA는 로테르담, 뉴욕, 베이징, 홍콩, 도하에 사무실을 두고 있으며, 건축, 도시 계획, 문화 분석을 수행하는 국제적인 파트너십이다. 콜하스는 또한 영향력을 펼친 『광란의 뉴욕』 등 여러 책을 발행했다. 그의 작업은 보통 논란이 일지만, 2000년 콜하스는 프리츠커 상 수상자로 호명됐다.

Casa da Musica
Porto, Portugal 2005

REM KOOLHAAS b. 1944

2013년에 시작한 툴스 포 라이프 시리즈는 콜하스의 첫 번째 가구 컬렉션이며, 크놀(p.128)을 위해 디자인되었고, 밀라노 가구 박람회에서 소개됐다. 툴스 포 라이프는 보통의 가구가 아니다: 환경이나 기능에 맞추어 만들어졌고 콜하스가 언급하는 것처럼 단순히 가구를 비치하기보다는 공간에 생기를 불어넣는다.

01 암체어는 투명한 아크릴 프레임과 가죽 덮개로 이뤄진 스위벨 의자다. 좌석은 정교한 메커니즘의 기둥과 콘크리트 밑판이 받치고 있다. 모터를 동력으로 이용해서, 버튼을 누르면 의자의 높이가 조정된다. '가구는 다수의 고정된 선입견에 대응하는 공구상자이며, 가능성의 숫자를 넓혀가는 것이다,'라며 콜하스는 말했다. '결국 가구는 유연성에 관한 것이다.'

의자의 뭉툭한 비율은 콜하스의 다른 디자인을 연상시킨다: 카사 다 뮤지카는 콘서트홀이며, 포르투갈 포르토의 공공광장에 있다. 하얀 콘크리트로 만들어졌고, 단단한 형태가 공간을 지배하며, 건축물의 양 쪽에 거대하고 강당 커튼 같은 유리벽이 있는데, 이 점은 건축소재로 실험해보는 콜하스 방식의 특징이다. 그는 대부분 합판과 손 그림이 그려진 타일을 인테리어에 사용했고, 몇몇 공공 구역은 알루미늄으로 덮었다.

의자와 건축물 모두 디자인, 가시성, 접근성, 실용성이 핵심이다. 신발상자 형태의 건축물은 아담하고 튼튼하다; 같은 특징을 가진 01 암체어는 이 공간에 완벽하게 어울린다.

01 Arm Chair
2013

DORIANA AND MASSIMILIANO FUKSAS b. 1944

남편과 아내가 한 팀인 도리아나 앤 마시밀리아노 푹사스는 1985년부터 건축 프로젝트와 디자인에 관한 글 작업에서 모두 함께 일하고 있다. 마시밀리아노 푹사스는 로마의 사피엔자 대학교를 졸업하고, 유럽 전체에 걸쳐 확장하기 전인 1967년에 로마에 건축과 디자인 사무실을 차렸다. 2008년 그는 중국 센첸에 사무실 문을 열었고 베니스에서 열린 제 7회 국제 건축 박람회(1998–2000)의 감독으로 활동했다.

Carolina Lounge Chair
2008

캐롤리나 라운지체어는 2008년 가구업체 폴트로나 프라우를 위해 만들어졌다. 펼쳐진 팔걸이는 곡선이며 푹신한 형태의 팔걸이를 길이를 늘이고, 등받이는 의자 본체와 하나로 이루어져 있다. 편안함은 의자의 구조와 제작할 때 사용한 소재에서 느껴진다. 프레임은 오크 나무로 만들어졌고 가죽으로 덮여있는데, 이 조합은 편안하면서 한편으론 우아한 효과를 더한다. 그리고 의자의 발은 고드름을 닮았으며, 메탈 코어와 뻣뻣한 폴리우레탄으로 만들어졌다.

트빌리시 공공 서비스 홀은 쿠라 강가에 있는 도시 중앙에 위치한다. 본래 복합 사무실로 지어졌으며 다양한 교육기관과 사업체들이 있고, 내부의 도보교로 서로 다른 층이 연결된 이 건물의 핵심은 일곱 개의 큰 덩어리가 둘러싸고 있는 공공 광장이다. 건물의 가장 눈에 띄는 특징에는 중앙 광장뿐만 아니라 건물 전체의 지붕을 이루는 열한 개의 '꽃잎'도 있다. 이러한 꽃잎 구조는 35m(115ft) 길이로, 건축물과 분리되어 설계됐다. 건물 꼭대기에 있는 이 유기적인 형태는 해파리나 버섯을 연상시키지만, 나무 몸통을 닮은 스틸 기둥 시스템이 이 구조를 받치고 있다. 플라스틱 형태와 사무실 건물의 현대적인 육면체 사이의 엄청난 대조는 아주 흥미로운 역학을 만들어낸다. 의자와 건축물 디자인 둘 다 자연에서 영감을 이끌어내면서, 동시대의 디자인 해결책을 충족시키는 결과물이다.

Public Service Hall

Tbilisi, Georgia 2012

JEAN NOUVEL b. 1945

'난 디자이너가 아닙니다.' 라고 프랑스 건축가 장 누벨은 말했다. '나는 디자인을 하는 건축가입니다.' 1972년 파리에 있는 프랑스 국립고등미술학교를 졸업하고 누벨은 수년 동안 많은 건축가들과 함께 일했다. 그는 자신의 건축 사무실, 장 누벨 아틀리에를 1994년 설립했고, 가구와 시노그라피, 시각 커뮤니케이션 분야 등 여러 분야에 걸쳐 일하는 팀으로 장 누벨 디자인 또한 설립했다. 지금까지 장 누벨 디자인은 100여개의 제품과 가구들을 만들었다.

Riddle 2006

바르셀로나의 포블레노우 센트럴 파크에 만들어진 리들은 전형적인 공원 의자의 독창적이고 놀라운 재해석이다. 2006년에 디자인이 되었고 알리스와 공동 작업으로 생산된다. 리들은 고정된 의자이며 회전하는 캐스트알루미늄 중심에 앉는다. 인간공학적인 형태가 의자 본체를 이루고 더불어 폭이 넓은 팔걸이도 편안하다. 의자 디자인의 가장 아름다운 부분은 좌석과 등받이의 표면에 난 구멍인데, 햇빛이 반짝거리며 이 부분을 지나간다. 그림자는 빛이 나뭇잎을 다루는 방식을 닮았고, 이는 건축가의 의도적인 장치이다.

시적인 수행과 함께 현대적인 소재를 사용한 것은 자연의 존재가 되는 것처럼 누벨 작업의 특징이다. 르네상스 피라 호텔은 2012년에 문을 열었고, 유럽 바르셀로나의 현대화된 광장에 있다. 건물은 흑백 타워이며 110m(361ft) 높이이며 야자수 정원에서 나타난다. 건물 구조는 로지아, 복도, 승강기, 계단, 테라스, 전체 또는 부분을 이루는 유리창, 가득 찬 햇빛을 받는 식물들, 넓은 실내공간에 생기는 매력적인 빛과 그림자의 경관 등 뛰어난 조합으로 이루어졌다. 타워의 꼭대기 옥상에는 수영장이 있는데 바르셀로나에서 가장 장관을 이루는 풍경에 속한다. 녹색이 주는 상쾌함과 가벼운 소재는 이러한 현 시대의 유리 건축물이 이국적인 느낌을 들도록 만든다. 누벨의 디자인은 자연과 관련해서 내는 시너지로 더한 힘을 받았고, 우아하고 현대적인 형태와 세련된 소재 선택이 특징이다. 또한 그의 표현에서 중요한 것은 빛이 건물 부피를 다루고, 건물 표면을 침투하는 측면이다.

Renaissance Fira Hotel

Barcelona, Spain 2012

폴란드에서 태어나 미국에서 자란 다니엘 리베스킨트는 건축 공부를 하기 위해 음악을 하던 경력을 그만 두었다. 1970년 학위를 받은 후, 그는 자신에게 국제적인 인식을 가져다주는 많은 작업을 시작했다. 그의 경력에서 돌파구는 1989년에 베를린에 유태인 박물관을 짓는 경쟁에서 이겼을 때 생겼다. 자신의 사무실을 베를린에 세우고, 2003년에 뉴욕으로 건너가 세계 무역 센터의 새 종합기본계획을 설계했다. 리베스킨트의 작업에는 주거용 건물, 사무실, 상가, 박람회장, 박물관, 영화관 등이 있다.

Michael Lee-Chin Crystal

Toronto, Ontario, Canada 2007

DANIEL LIBESKIND b. 1946

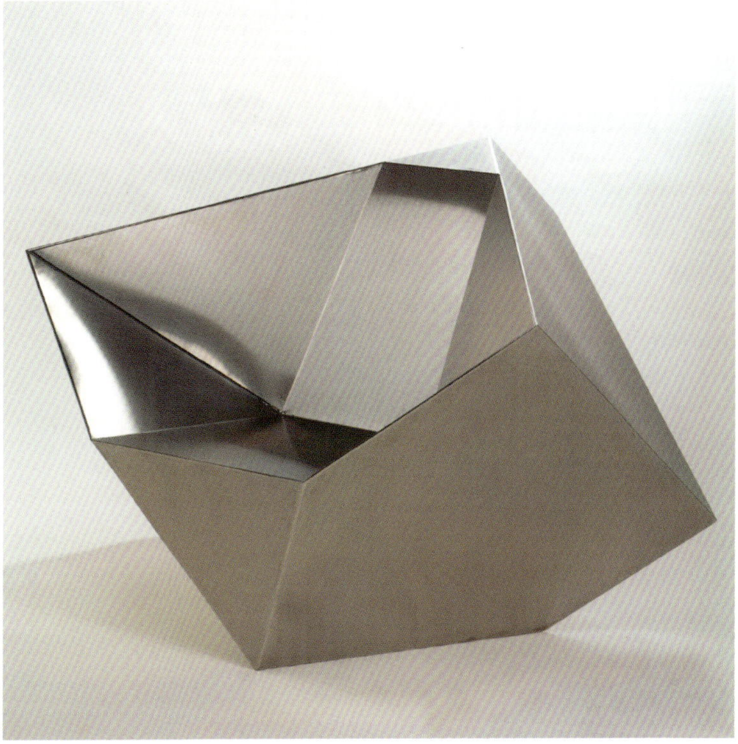

스피릿 하우스 체어는 한정판이며 토론토에 기반을 둔 니엔캠퍼에서 제작됐고, 리베스킨트의 첫 번째 상업적인 가구다. 의자는 스테인리스 스틸로 구조가 만들어졌고, 손으로 이음새를 다듬고 솔질로 마무리됐다(의자 하나를 완성하려면 대략 40시간이 걸린다). 무게는 약 80kg(176 lbs)이고, 왕립 온타리오 박물관의 재건 기간에 이 작은 정육면체 의자가 구상됐다. 리베스킨트는 또한 증축공사 일을 맡으며 후원자의 이름을 따서 건물이름을 지었다. 의자의 디자인은 박물관의 미네랄과 보석 컬렉션에서 영감을 받았고, 다섯 번 각이 진, 크리스털 같은 모양이며 스스로 이 각기둥 구조를 떠받친다.

이러한 의자의 구조와 부합하는 장소는 여러 층에 걸쳐 수많은 다리를 갖고 있는 토르셸 스피릿 하우스이다. 이 거대하고 일그러진 건물형태에서 방문객들은 사색의 방을 찾는다. 리베스킨트 의자 디자인의 생김새는 건축물을 따라하고 또한 건축을 반영하는 걸 장려한다. 의자와 스틸 빔, 콘크리트, 유리, 알루미늄 피복선으로 만들어진 토르셸 스피릿 하우스가 이루는 조화는 이 두 물체가 자신이 놓인 공간과의 '교감'과, 땅과의 교감을 방해한다. 교감은 이 두 물체가 중력에 대해 균형을 잡고 있는 걸로 보인다. - 어떤 소재들로 만들어졌는지가 뛰어난 결과인지를 결정지었다.

'스피릿 하우스는 반영하고 경험하기 위한 장소이다,' 그는 말했다. '토르셸 스피릿 하우스 체어가 사색에 잠기는 기분을 비슷하게 일으키길 바란다.'

Spirit House Chair

2007

스티븐 홀은 워싱턴 대학교를 졸업하고, 로마에서, 그리고 런던의 건축협회에서 공부했다. 그는 건축에 관해 폭넓은 출판물을 만들었고, 전 세계적으로 대학에서 강의하고 전시도 열었다. 비록 홀은 캘리포니아에서 경력을 시작했지만, 사무실은 뉴욕에 기반을 두고 있고 수많은 세계적인 작업들을 디자인했다. 홀은 디자인할 때 각 작업과 작업이 갖고 있는 맥락을 통합시키는 데 특별히 주의를 기울였다. 2001년 타임 잡지는 그를 '눈과 더불어 정신까지 만족시키는 건축'을 이유로 '미국 최고의 건축가'라고 이름 붙였다.

Sifang Art Museum
Nanjing, China 2013

STEVEN HOLL b. 1947

'A' 체어는 홀이 처음으로 디자인한 가구이다. 의자는 단풍나무로 만들어졌고, 삼각형의 받침 위에 의자다리 세 개가 있으며, 다른 두 삼각형 부분이 측면을 구성하고 있다. 좌석은 사각형이며 높은 등받이는 직사각형이다. 이 튼튼한 의자는 방 코너에 꼭 들어맞도록 설계됐다. 다른 네 의자는 원본이 만들어진 이후, 2005년에 주문을 받아 만들어졌다.

난징에 있는 쓰팡 미술관의 컨셉은 의자와 마찬가지로 독특하다. 전시장, 찻집, 서점, 큐레이터의 숙소 등이 있는 미술 복합 건물로 만들어졌고, 초록이 우거진 경관에 위치한다. '미술관은 장소의 단층, 넓은 안개와 물 등 변하는 경관을 담는다. 이러한 모습은 난해한 공간적인 미스터리가 번갈아 나오는 중국 회화작품의 특징이다'라고 홀은 말했다. '미술관은 평행 투시도 같은 공간의 "들판"과 가벼운 "형태"가 맴도는 것에 콘크리트를 바른 대나무 모양의 검은색 정원담장으로 형성됐다.'

일 층 전시장(검은색 콘크리트로 만들어졌다)의 일직선 모양의 설계는 윗부분과 대조를 이루고(반짝거리는 유리 터널이 여러 기둥 위에 올려져있다), 마치 공기 중에 떠있는 것처럼 보이며, 시계방향 순서로 펼쳐지는데 움직이는 애벌레를 닮았다. 의자와 건축물의 디자인 모두 굉장히 매력적이고 놀라우며, 의자와 미술관 디자인의 근본 개념을 다루었다. 시각적으로 강렬한 요소들의 조합이 더 가벼운 밑받침의 주를 이루는 것 또한 특징이다.

'A' Chair
1980/2005

ZAHA HADID 1950-2016

자하 하디드는 2004년 프리츠커 상을 수상했고, 런던을 기반으로 하는 건축 사무실은 400명 이상의 사람들을 고용하고 있다. 그녀의 혁신적이고 획기적인 스타일 덕분에 그녀는 전세계적으로 작업을 수행하게 됐다. 초기에 지은 건축물에는 독일 바일 암 라인에 지은 비트라 소방서, 런던 밀레니엄 돔의 마인드 존이 있으며, 최근 주목을 끄는 작업에는 2012 런던 올림픽의 수영센터와 중국의 광저우 오페라하우스가 있다.

Kuki Chair 2013

한정판 의자는 사와야 앤 모로니와 함께 작업한 것이며, 2013년 밀라노 디자인 위크에서 처음 발표됐다. 의자는 표면이 굽었고 주름졌으며, 새롭게 구부러진 형태로 접힌 플라스틱 원형 판으로 되어있다. 역동적인 형태를 가능하게 한 소재와 더불어 좌석의 강렬한 남색 색상은 시각적으로 굉장히 눈에 띈다.

하디드는 디자인할 때 연속되는 형태를 이용하는 점으로 유명하고, 그녀는 여기서도 플라스틱 조각을 종이접기처럼 접고, 의자 구조를 안정시키기 위해 구부러뜨렸으며, 심지어 좀 더 유체처럼 만들기 위해 오려내기까지 했다. 이러한 독창적이고 인간공학적인 형태는 제 기능을 잘한다. 편안 자리를 제공하고 쉽게 운반 가능할 뿐만 아니라, 의자의 또 다른 장점으로 소재의 단순함이 있다. 이것은 아마 하디드가 디자인한 다른 의자들보다는 덜 우아하겠지만, 매우 실용적이고 현대적이다.

하디드가 마카오에 지은 꿈의 도시 호텔 타워는 2017년에 완공 예정인데, 의자는 이 건축물에 영향을 주었다. 이 거대한 복합 건축물의 설계는 거의 1000개의 객실과 스위트룸, 스카일 빌라, 회의시설, 식당, 카지노, 스파, 스카이 풀 등으로 되어있다. 건물은 40층 높이이며, 100,000㎡(1,076,391 sq ft)의 면적을 차지한다. 하디드가 만든 건축물 구조와 건물외관에 입은 쿠키 체어의 디자인을 연상시킨다. 그녀는 자신의 역동적인 환상을 실현시키는 것에 제약이 없다는 걸 다시 한 번 증명하면서, 타워의 부분들이 마치 플라스티신으로 만들어진 것처럼 일그러뜨리고 구부러뜨렸다.

City of Dreams Hotel Tower

Macau, China 2017

WARO KISHI b. 1950

Kit House

Kyoto, Japan 2010

요코하마에서 태어난 와로 키시는 교토 대학교 전자과와 건축학과를 졸업했고, 이후 2010년부터 교토대학 교수로 활동하고 있다. 그는 또한 미국에서 강단에 서기도 했다. 키시의 건축 사무실은 도쿄와 교토에 본사를 두고 있으며, 개인 주택, 상업공간, 식당, 사무실, 도시계획 등 일을 맡았다. 그의 작업은 국제적으로 찬사를 받았고, 일본과 해외에서 많은 상을 수상했으며, 여러 출판물에 실렸다.

TS Chair 1989

TS 체어는 처음에 전시장에서 전시할 목적으로 만들어졌다. 이름은 당시 키시가 디자인하고 있던 츠즈키 프랫 프로젝트에서 비롯되었고, 그는 츠즈키 프랫을 의자가 최종적으로 사용될 장소로 생각했다. 의자는 또한 건축의 역사적인 표현 같은 것을 담기도 했다.

'내 생각에, 의자를 만드는 것은 단순히 형태를 새롭거나 매력적인 디자인으로 결합하는 것 이상이며, 꼭 그래야만 한다,' 키시는 말했다. '이러한 강한 신념으로 내가 디자인하는 의자에는 제작하는 해인 1989년까지 모더니즘이 이룬 모든 것을 표현하고, 보존해야겠다고 마음먹었다. 먼저 우리 시대의 적합한 상징으로써 캔틸레버 구조를 선택했다(게리트 리트벨트의 지그재그 체어를 떠올려보라) 다음엔, 20세기의 대표적인 소재로써 알루미늄을 사용했다.'

낮은 등받이를 포함해 캔틸레버 구조의 프레임은 수평선, 수직선, 대각선의 생생한 조합이다. 알루미늄은 우아하면서도 날카로운 구조를 만들어내며, 좌석 역할을 하는 얇은 판으로 보완되어있다. 선과 면의 상호작용은 리트벨트 디자인에 대한 경의의 표현으로 읽을 수도 있다. 비슷한 디자인 접근방식이 키트 하우스에도 적용되었는데, 키트 하우스는 2010년 키시가 교토 공과대학의 학생회관을 개조한 건물이다. 디자인은 건물의 밖과 안을 명확한 경계 없이 연결하는 걸 목표로 삼았다. 벽돌로

된 많은 벽은 반투명하고, 다른 벽들은 그냥 유리로 되어있다. 때문에 건물은 주변 풍경과 어울린다. 외관과 특히 개방된 인테리어는 평면과 조화를 이루며 교차하는 수평선, 수직선, 대각선으로 정렬되어있다. 이렇게 가벼운 구조는 강조되는 지점이 있는데 바로 벽돌의 파편이다. 의자처럼, 건축물은 강화된 성격과 현대적인 정신을 보여준다.

RON ARAD b. 1951

예루살렘의 베자렐 예술 아카데미를 졸업한 후, 론 아라드는 런던 건축협회에서 공부하기 위해 런던으로 이주했다. 1981년 그는 캐롤라인 소만과 함께 디자인 프로덕션 스튜디오 원 오프를 공동 설립했고, 8년이 지난 후에 자신의 건축과 디자인 사무실인 론 아라드 어소시에이츠를 차렸다. 그는 1994년부터 1999년까지 이탈리아 코모에서 디자인과 제조를 하는 론 아라드 스튜디오를 운영했고, 론 아라드 아키텍츠는 2008년부터 운영하고 있다. 오늘날 그의 디자인은 비트라, 카르텔, 알레시, WMF 등 선도적인 기업에서 만들어지며, 소재와 형태에 대한 실험으로 잘 알려져 있다.

3 Skin Chair 2004

Design Museum

Holon, Israel 2010

론 아라드는 2004년 모로소를 위해 3 스킨 체어를 만들었다—처음으로 목재를 이용했다. 의자의 옻칠이 된 목재는 이름이 알려주듯이 여러 층으로 되어있고, 기이한 방향으로 굽었다. 좌석의 타원형 아치는 앞쪽과 뒤쪽 의자다리를 겸하고, 과도하게 구불구불한 형태로 보여서 그 위에 앉는 걸 상상하기 어렵다. 덜 구불거리지만 똑같이 플라스틱 형태의 높은 등받이는 건물 지면까지 닿는다. 정말 가구를 조각적으로 다시 정의한 것이다.

홀론의 디자인 박물관에서 보이는 아라드의 디자인은 이렇게 요약할 수 있다. 건물은 박물관 그 이상이며, 경험하는 장소이며 영감을 주기 위해 정리되어있고, 디자인 단체와 대중의 디자인 인식, 일상생활에 영향을 주는 방식에 대해 도전한다.

가장 뛰어난 부분은 여섯 개의 코르틴 스틸 리본인데, 리본은 상자 같은 공간을 주변을 흐르고 공간을 떠받친다. 서로 다른 층 사이에 있는 경사로 체계는 방문객들을 이러한 유기적인 구조로 끌어들인다. 순환 경로와 바깥 공간이 통합되어 통일된 전체 공간을 만든다. 소재가 디자이너의 통제를 넘어서서 그 자체의 특성이 부각되는 느낌이 든다.

이러한 건축 디자인으로 인해 박물관에 대한 기존의 사고방식은 완전히 바뀌고 있다. 또한 건축 디자인에는 박물관의 컬렉션과 일치하는 지에 대한 탐구와 참여도 필요하다. 혁신의 중심 역할을 하는 사명은, 오늘날 가장 흥미로운 건축가와 디자이너 중 하나인 론 아라드가 만든 이 역동적인 건축물에 완벽하게 담겼다.

SANTIAGO CALATRAVA b. 1951

산티아고 칼라트라바는 발렌시아에서 태어나서, 그곳에 있는 마드리드 공과대학 건축학과에서 수학했다. 칼라트라바는 1981년 스위스 취리히 연방 공과대학교에서 박사학위를 받은 후, 자신의 첫 번째 건축과 공학 작업실을 차렸고, 이후 몇 년의 짧은 시간을 걸쳐 파리, 발렌시아, 뉴욕에 사무실을 열었다. 그는 수많은 상을 받았으며, 작업의 범위는 기차역, 박물관, 다리에서부터 주택단지, 스포츠 경기장, 무대 장치까지 이르렀다. 건축물과 더불어 칼라트라바는 소묘, 도자기 공예, 조각품도 만들었다.

Tabourettli Theatre Chairs 1987

Montjuïc Communications Tower

Barcelona, Spain 1992

대단히 독창적인 이 의자는 스위스 제조업자 드 시드가 생산했으며, 13세기에 처음 건설되고 칼라트라바가 재건한 스위스 바젤의 태부르틀리 영화관과 잘 어울린다. 그는 건물의 모든 세부요소들을 개조하라는 주문을 받았고, 의자는 새롭게 바뀐 구조를 반영하며 천장, 계단, 다른 부분 등과 조화를 이룬다. 단 하나 대조되는 것은 좌석에 빨간색이 것인데, 인테리어를 배경으로 눈에 두드러진다.

의자는 에나멜을 씌운 스틸과 가죽 덮개를 가지고 손으로 만들어졌다. 의자의 조각적인 구성은 굽은 스틸로 된 의자다리 하나와 부드러운 좌석, 활 모양의 등받이로 되어있다. 급격하게 하강하는 아랫부분은 중세 건축물의 벽을 보강하는 버트레스와 비교되지만, 형태는 역시나 자연에서 영감을 얻었다. 우아한 플라밍고처럼, 의자는 안정감과 역동성, 고상함을 갖췄다.

비슷한 특징이 칼라트라바의 건축 작업, 1992년 올림픽 때 지어진 몬쥬익 송신타워에서도 눈에 띈다. 타워는 토르 칼라트라바로 알려져 있고, 136m(446 ft) 높이의 고층타워로 올림픽 성화를 들고 있는 운동선수 또는 투창선수를 연상시킨다. 구조적으로 타워는 단단한 받침과 우아하게 곡선이 진 의자다리, 아치형의 플랫폼(사람 눈의 모양을 바탕으로 했다)이 의자와 닮았다. 비록 거대하지만 그 자리에서 형태는 우아한 존재이다. 칼라트라바의 뛰어난 기교는 가우디(p.14)와 자연을 연구한 스페인의 전통 덕분이다. 그는 발전된 기술을 멋지게 사용해서 매우 기능적이면서 주변 경관을 좋게 만드는 독창적인 작품을 낳았다.

JEAN-MARIE DUTHILLEUL b. 1952

프랑스 건축가 장 마리 뒤튀외는 공학과 도시공학, 건축학 학위를 가지고 있으며, 프랑스 철도회사인 SNCF의 기차역을 개조하고 새로운 사회기반시설들을 지은 것으로 유명하다. 그의 디자인은 광대한 조사의 결과이며, 기술 발전의 정신을 담아냈다. 다방면에 걸쳐있는 그의 스튜디오 AREP는 에띠엔느 트리코트와 함께 1997년에 설립되었고, 개인건물과 가로시설물부터 거대한 도시종합계획까지 아우르는 프로젝트를 수행한다.

RS Seating System 1998

SNCF 개조 작업은 엄청나게 성공적이었다. 갸르 몽파르나스와 갸르 드 노르를 포함해 많은 기차역은 현대적이고 기능적이며 승객에게 친근한 모습을 하고 있다. 1998년 뒤튀외와 그의 스튜디오는 대기실의 좌석 시스템을 디자인했고 테크노가 제작했다. 개별 좌석은 묘듈식 빔 위에 있으며, 의자 두 개에서 다섯 개로 그룹을 만든다; 조합은 각 공간의 필요에 따라 조정할 수 있다.

기차역이나 공항 대기실의 좌석은 디자인에 대한 도전이다: 좌석은 반드시 마모에 강하고 유지보수가 적어야 하며, 또한 다양한 승객 몸 크기를 수용할 정도로 튼튼해야 한다. 뒤튀외의 시스템은 실내와 실외 좌석에서 보편적인 해결책으로 인정받았고, 인간공학적인 형태 디자인은 편안하며 미적으로도 아름답다. 마무리 손질의 여러 선택권은 개별 위치에 따라 좌석의 변화를 허용한다. 등받이의 높이와 좌석의 깊이, 그리고 그 둘 사아의 각도는 정확한 신체 자세를 유지하도록 디자인됐다. 아래 받침은 다이캐스트 알루미늄으로 만들어졌고, 반면 좌석은 목재 조각, 스틸 판금, 티크, 웬지 또는 검은 비닐, 천 또는 가죽을 포함해 알루미늄이 될 수 있다.

뒤튀외는 기차역을 디자인할 때 비슷한 요구사항을 알고 있었다. 아비뇽의 TGV역 디자인은 대부분의 기후 상태에 아주 적합했고(껍데기 같은 스크린은 미스트랄 바람을 막아주는 역할을 한다), 또한 널찍하고 인간공학적인 인테리어는 밝은 홀로 초대한다. 역동적인 형태와 유리벽은 TGV가 산업으로 가지고 온 현대성을 표현했다. 여행을 사람들, 스트레스와 결부시키는 대신에, 이런 조화로운 공간은 좀 더 여유 있는 경험을 제공한다. 그의 좌석 시스템에서 뒤튀외는 컨템포러리 디자인과 최고의 기능성을 조합할 수 있었다. TGV역과 RS 좌석 시스템 둘 다 프랑수아 보네필레, 에띠엔느 트리코트와 협력해서 디자인했다.

TGV Station

Avignon, France 2001

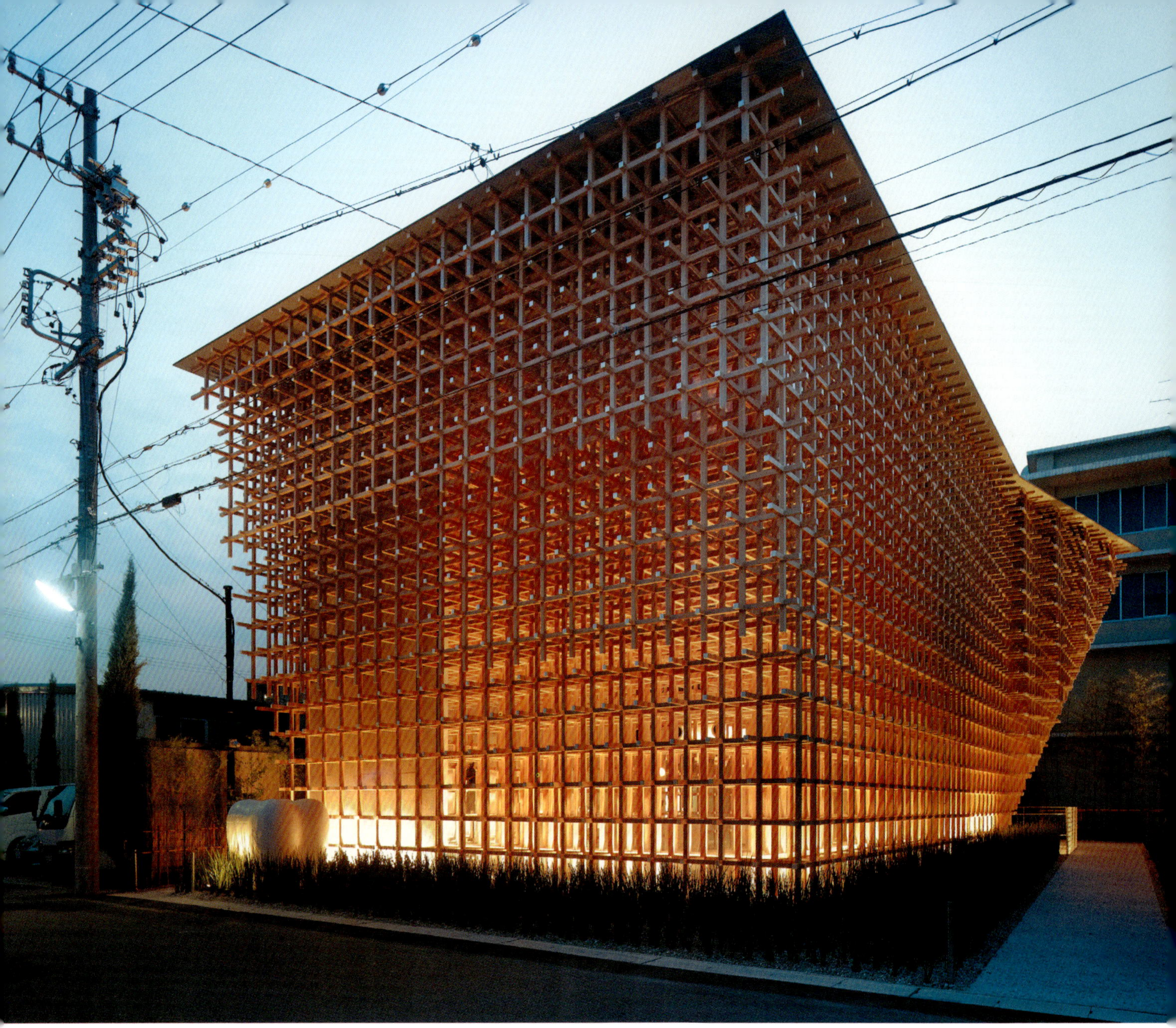

GC Prostho Museum Research Design Centre
Kasugai-shi, Japan 2010

켄고 쿠마는 1979년 도쿄대학교 공과대학원을 졸업하며 MA 학위를 받았고, 1987년 공간 디자인 스튜디오를 세웠다. 3년이 지나고 그는 켄고 쿠마 앤 어소시에이츠를 도쿄에 설립했고, 2008년에는 파리에도 다른 사무실을 냈다. 그의 디자인은 개인주택부터 공공건물, 상업공간까지 이르렀는데, 쿠마는 소재를 선택하는데 특별히 신경을 기울였다. 가능하면 현지 소재를 선호했고, 주위 환경과 조화를 이루는 건축물을 만들었다. 그는 많은 상을 받았으며, 현재는 도쿄대학교에서 학생들을 가르치고 있다.

KENGO KUMA b. 1954

GC 체어는 일본 가구 제조업체 타임 앤 스타일과 함께 GC를 위해 공동으로 작업한 것이다. 켄고는 또한 GC의 GC 프로스토 박물관 리서치 디자인 센터를 디자인해서 2010년 완공시켰다. 켄고 쿠마는 가구와 가구가 비치되는 것이 조화를 이루는 전체의 일부분이라고 생각하며, 두 가지 디자인을 함께 만들었다. 이렇게 건축물과 가구가 잘 어울리는 건 통일된 구조 양식에서 비롯된다. '건축물을 못을 쓰지 않고 지었으며, 대신 삼차원에서 전통적인 일본의 하운드투스 무늬를 만들기 위해 직선 패턴으로 좁은 목재조각을 엮어서 사용했다'라고 쿠마는 설명했다. 'GC 체어의 디자인도 동일한 하운스투스 무늬를 디자인 자료로 사용했다.'

쿠마는 삼차원 격자를 사용하는 것으로 유명하며, 격자는 안과 밖이 둘 다 명료하고 가벼워 보이는 입체적인 구조를 형성한다. 이렇게 목재를 서로 맞물리는 모듈식 시스템의 기원은 일본의 장난감 시도리이다. 시도리는 어떠한 부품이나 못이 필요 없이, 특이하게 생긴 연결부분을 가진 막대들을 조립하는 장난감이다. 동일한 원리를 따르는 GC 체어의 프레임은 단순함이 매우 매력적이다. 못이 하나도 쓰이지 않았지만, 제작에는 구조를 강화하기 위해 첨단 기술이 필요했다.

나무 구조는 가죽 또는 천 덮개로 씌울 수 있는 늘씬한 의자와 잘 어울린다. 의자는 튼튼하고 생생한 인테리어와 잘 어울리고, 크기는 보통이다. 쿠마의 건축 철학은 그가 가구 디자인에 대해 생각하는 방식을 보완한다: 의자와 건축물 둘 다 반드시 자신의 주변 환경에 통합되어야하고, 사용하는 사람들과 관계를 형성해야 한다.

GC Chair 2011

WIEL ARETS b. 1955

자신의 고향 헤를렌에서 공학학교와 아인트호벤 공과대학을 졸업하고 나서, 위엘 아레츠는 일본에서 그가 궁극적으로 자신의 사무실을 설립하도록 이끌었던 조사를 수행하는데 육주의 시간을 보냈다. 그의 스튜디오는 네덜란드와 스위스에 사무실이 있고, 그의 팀은 네 개 대륙을 걸치고, 교육과 출판까지 아우르는 수많은 프로젝트를 수행했다. 아레츠는 암스테르담, 로트르담, 런던, 그리고 뉴욕에서 학생들을 가르치고 있다.

Jellyfish House
Marbella, Spain 2013

위엘 아레츠는 1995년부터 폭넓은 대량생산과 한정판 제품 디자인을 하는 제조업자, 디자인 회사와 함께 작업했다. 그의 작업에는 부엌용 기기, 휴대폰, 손목시계, 장신구가 있지만, 그 중에 가장 흥미로운 것은 그가 지은 건축물에서 비롯된 의자이다.

LRC 체어는 아레츠가 디자인한 위트레흐트에 있는 라이트쉐 라인 칼리지를 위해 만들어졌다. 본래 하얀색 폴리우레탄으로 만들어 칼리지의 중간색조 인테리어를 표현하려 했으며, 대량생산된 버전은 페인트칠이 된 목재로 제작됐다. 눈에 띄는 의자 프레임 구조는 칼리지의 매력적인 직사각형 패턴에서 영감을 얻은 것이며, 겉모습이 멋있고 편안한 자리를 제공한다. 접힌 의자다리는 의자가 무릎을 꿇은 모습처럼 보인다. 받침과 본체 모두 가볍고 유연한 소재를 상대적으로 얇게 쌓아서 만들었다. 복잡한 형태는 자신이 만드는 빛과 그림자와 교차하며, 거의 종이접기처럼 보인다.

환상적인 젤리피쉬 하우스의 복잡한 건물구조는 개인 고객의 주문으로 지어졌고, 실내 공간을 뚜렷하게 나누지 않은 기하학적인 모양들의 조합이다. 건물은 하얀 콘크리트로 만들어졌고, 커다란 기둥 하나와 여러 개의 작은 기둥이 건물을 받치고 있다. 콘크리트가 아닌 모든 벽은 유리로 돼서 햇빛이 집 안으로 들어온다. 그리고 건물의 일부분은 개방할 수 있어서 건물 안과 밖 사이의 경계를 모호하게 만든다. 인상적인 캔틸레버 구조의 옥상 수영장은 바닥이 유리로 되어있고, 파노라마 같은 창문으로 해변과 바다를 향하는 전망을 볼 수 있다. 건축물의 특징 중에 하나는 빛의 아름다운 상호작용 덕분에 바람이 잘 통하고 흥미롭게 보인다는 점이다.

LRC Chair 2005

PIERO LISSONI b. 1956

피에로 리소니는 1986년 밀라노에 자신의 스튜디오를 설립했다. 이후 그와 그의 파트너 리콜레타 카네시는 범위가 건축물, 인테리어, 산업디자인부터 조명, 가구, CI, 쇼룸, 전시 부스, 개인 주택, 요트에 이르는 전 세계의 프로젝트를 담당했다. 리소니는 또한 가구 제작자인 크놀(p.128), 카르텔, 까시나, 알레시, 프리츠한센, 리빙 디바니, 테크노와도 함께 작업했다. 그리고 1996년에는 그래프 엑스 스튜디오를 차렸다. 호텔을 짓는 걸로 유명한 리소니는 새 건물을 짓는 작업도 하고, 역사적인 건축물을 개조하는 작업도 수행했다.

184 Eve 2009

최소한의 구조로 만들어진 피에로 리소니의 184 이브 암체어는 가벼워보인다: 두 개의 늘씬한 직사각형이 의자의 측면을 이루고, 연결된 막대요소는 지지대 역할을 하며, 그리고 같은 크기의 얇은 좌석과 낮은 등받이가 의자의 나머지를 형성한다. 의자는 까시나가 제작을 맡았고 두 가지 버전이 있다: 알루미늄 또는 나무. 나무 버전은 막대 하나가 의자 맨 아래에 추가되어 의자를 안정적으로 만든다. 그리고 가죽 덮개는 안쪽 프레임에 꼭 맞는다.

'의자의 크기와 접힌 부분이 이뤄진 형태 덕분에 좌석 덮개를 프레임 위로 밀어 넣으면 "봉투"처럼 꼭 맞는다'라고 리소니는 말했다. '박음질의 흔적이 하나도 없어서 덮개 표면이 이루는 조화와 연속성을 강화시킨다. 디자인은 눈으로 보기에 매끈하며 추상적으로 보인다.' 기하학적 형태의 프레임이 갖는 단순함은 암체어가 튼튼하면서도 우아한 성격을 갖도록 만든다.

이탈리아 세르비아의 밀라노 마리티마 지역에 있는 마레 피네타 호텔의 개조에서도 비슷한 접근방식이 명료하게 보인다. 본래 1927년에 지어진 건물은 늘어진 해안가에 세워진 첫 번째 그랜드 호텔이었다. 그리고 2010년, 호텔 소유주는 건물을 보다 현대적인 느낌이 나도록 바꾸겠다고 결정한다. 리소니는 인테리어를 개조하고, 확장하는 작업을 맡았다. 정렬된 직육면체들은 투명한 유리 바닥을 덮어버린다. 건물의 상당 부분을 차지하는, 직선으로 놓인 정육면체와 그 겉면은 건물의 나머지 부분들과 조화를 이룬다. 의자와 호텔 모두 기하학적인 형태와 비율을 세련되게 사용했다.

Mare Pineta Hotel

Cervia, Italy 2010

Paper House

Yamanashi, Japan 1995

시게루 반은 1985년 도쿄에 자신의 사무실을 차렸고, 뉴욕과 파리에도 사무실을 두고 있다. 획기적이고 창의적이면서, 자연 친화적, 박애주의적인 접근방식을 가진, 반은 사회적으로 책임을 지는 건축가로 잘 알려져 있다. 1994년 르완다의 분쟁, 일본 고베에서 일어나 지진, 그리고 일 년 후 그는 재난 구조 프로젝트를 시작했다. 반은 쉼터가 필요한 사람들을 위해서 간단하고 지속해서 사용가능하며 비용이 적게 드는 디자인이 담긴 해결책을 찾는데 놀라운 기지를 발휘했다.

SHIGERU BAN b. 1957

종이 튜브를 사용하는 것이 특징인 일본의 건축가 시게루 반은 2014년 프리츠커 상을 받았다. 그의 아이디어는 튜브를 사라질 수 있게 만들어서 사용하지 않을 때 좌석 안에 보관해놓는 것이다. 건축에 대한 반의 매우 혁신적인 접근방식을 가구 디자인에도 사용해서 창의적인 해결법을 만들었다.

야나마시 지역의 야마나카 호수에 있는 페이퍼 하우스는 시게루 반이 주말 별장으로 사용하려고 만들었다. 반은 건축물의 디자인을 통해 건축 소재(종이)가 내구성이 있고 안전하다는 것을 증명하려 했다. 그는 증명에 성공했으며, 그의 종이 튜브는 정부로부터 영구적인 건물의 건축 소재로써의 사용에 대한 승인을 얻었다. S자 형의 콜로네이드가 종이 튜브 110개로 된 건물의 지붕을 받치고 있고, 2.7m(9 ft) 길이의 이 지붕은 두 개의 원을 형성하며 공간을 나눈다. 건축물은 매우 가벼워서 건물 내부와 외부 사이에 시적인 연속성이 생겼으며, 전통적인 일본의 미니멀리즘 스타일과 일치한다.

이러한 특성은 합판으로 만들어진 좌석과 종이 튜브 다리 네 개로 이뤄진 스툴의 특징이기도 하다. 스툴의 디자인은 주변과 조화를 이루면 섞이고, 환경 친화적이다. 그는 대개 수목과 종이를 사용해서 만들었으며, 이러한 재생 가능한 소재의 사용은 찬사를 받았다. 반은 겸손하게 말한다: '그저 해치는 것들을 싫어할 뿐이다.' 그는 기둥, 벽, 빔으로 종이판지 튜브를 사용한 이유는 그것들이 단지 친환경적이고, 현지에서 구할 수 있고, 저렴하고, 재활용할 수 있어서가 아니라 조립하고, 해체하고, 운반하기 쉽기 때문이다. 반의 종이 디자인이 자연적이거나 정치적인 큰 재난의 여파에 멋진 해결책이 될 수 있다는 점이 증명됐다.

Paper Tube and Plywood Stool 1997

House U Tokyo, Japan 2013

1989년 사토시 오카다는 뉴욕의 콜롬비아 대학교를 졸업했다; 6년 후, 도쿄에 스튜디오를 차렸다. 오카다는 건축가로 이뤄진 팀과 함께하며 디자인에 대한 감성과 정신을 나눴고, 전 세계의 프로젝트를 수행하며 일본, 유럽, 미국에서 강의를 했다. 상 받은 건축물은 작은 주택부터 거대한 복합건물에 이르고, 수많은 책과 잡지에 거론됐다. 그는 또한 조명과 가구도 디자인했다. 오카다의 디자인 철학은 단순함에 뿌리를 두고, 고급스러운 소재와 정교한 디테일에 집중하는 것이다.

SATOSHI OKADA b. 1962

2007년 만들어진 티타늄 라운지체어는 일본 가구업체인 아티와 공동작업으로 제작되었고, 전체가 티타늄으로 되어있는 첫 번째 의자이다. 디자이너가 강조한 것처럼, 소재는 매우 부담이 컸고 고도의 손기술을 필요로 했다. 그리고 티타늄은 아주 단단한 금속이라서 대량 생산을 하기에는 너무 비용이 많이 들었다. 의자는 3mm(1/10 in)의 굽은 판 하나가 좌석과 등받이를 형성하고 있으며, 이를 받치고 있는 두 개의 의자다리는 평평한 막대로 되어있다. 착석을 편안하게 만들기 위해서 자리는 검은 가죽으로 덮여있다.

티타늄은 극도로 강하고 탄력이 있는 소재이지만 한편으론 굉장히 무겁다. 단단한 티타늄 판은 정교한 형태에도 불구하고 250kg(551 lbs)의 하중을 견딜 수 있다. 하지만 의자 전체 무게는 겨우 15kg(33 lbs) 밖에 되지 않는다. 의자의 선형 실루엣은 우아하고 유연해 보인다. 오카다는 이러한 디자인의 효과를 이렇게 설명했다: '앉아있을 때 움직임이 독특하다. 금속판은 앉아있는 신체를 적당한 탄력으로 받아들인다. 다리를 땅에서 떨어뜨리면, 마치 공기 중에 앉아 있는 것처럼 편안한 흔들림을 즐길 수 있다.'

하우스 U는 도쿄의 한 지역인 시부야의 유명한 이웃의 주거지로 디자인됐다. 430㎡(4,628 sq ft) 크기의 빌라는 강화 콘크리트와 스틸, 벽 역할을 하는 커다란 유리판으로 지어졌다. 집의 너비는 12m(39 ft), 지하는 24m(79 ft) 깊이이며 3층 높이만한 강화 콘크리트 벽으로 둘러싸여 있어서 지진이나 다른 자연 재난에서 오는 피해로부터 집을 보호한다. 건축구조는 콘크리트 빔과 투명한 유리벽의 가느다란 스틸 새시에 기초를 두었다. 하우스의 인테리어는 넓고 편안하며, 건물외관은 우아하고 직선 모양이다. 의자와 하우스 둘 다 구조의 비율과 튼튼한 소재가 깔끔한 선의 아름다움과 합쳐져, 미적으로 단순하지만 세련된 디자인을 뽐낸다.

Titanium 2007

GREG LYNN b. 1964

그렉 린은 오하이오의 마이애미 대학교에서 건축학과 철학을, 프리스턴 대학교에서 건축학을 공부했다. 2005년, 그는 포브스 잡지가 선정한, 살아있는 가장 영향력이 큰 열 명의 건축가 중에 한 명으로 지명됐고, 2008년 베니스 건축 비엔날레에서 황금사자상을 수상했다. 린은 디지털 기술과 CNC(컴퓨터 수치 제어) 모델링을 이용해 형태 제작을 탐구하는 혁신가다. 그는 다양한 분야에서 디자인을 했고, 그의 실험적인 접근법은 스와로브스키, 알레시, 비트라, BMW, 디즈니 등의 기업들과 공동작업 할 수 있도록 이끌었다. 그렉 린은 UCLA 건축대학과 예일 대학교의 교수로 활동하고 있다.

Ravioli Chair 2005

그렉 린은 디자인 과정에서 가장 먼저 기술적인 혁신을 추구한 건축가 중에 하나이며, 가장 복합적이고 창의적인 건축 디자인을 하기위해 컴퓨터 프로그래밍을 이용했다. 그가 말하길, 자신은 가구 디자인을 좋아하는데, 이유는 사람들이 건물보다는 의자와 더 친근하게 소통하기 때문이다.

그는 라비올리 체어를 디자인 할 때 가구의 기본적인 부분에 최첨단의 기술을 사용했고, 컴퓨터 시뮬레이션을 이용해 이차원 면적을 삼차원의 형태로 조정했다. 그 결과 만들어진 형태는 좌석, 받침, 등받이, 팔걸이, 그리고 물 한 방울을 확대한 모습을 닮은 생명체적인 곡선 또는 조각 같은 풍경으로 이뤄졌다. 의자는 비트라가 제작했고, 유리 섬유 강화 폴리에스테르(외피), 폴리우레탄 폼(좌석), 뜨개질한 천(덮개)로 되어있다. 이렇게 만든 결과 전형적인 형태의 재해석이자 매우 편안한 의자가 됐다.

린의 컴퓨터 보조 디자인 방법은 또한 발렌시아 외곽의 소시오폴리스 도시종합계획에서 24개의 주택 단지 건물 디자인에 사용됐다. 프로젝트는 도시 개발의 새로운 모델을 탐구했고, 해당 지역은 주택들이 사회적 상호작용을 조성하기 위해 여러 기능을 하고, 농업환경에 통합되는 곳이었다. 크리스털 같은 건물외관의 유기적인 형태는 기존의 분류법칙에 저항했다. 린의 디자인은 건물들이 획일적인 모습을 하는데도 불구하고, 건물을 풍경과 통합시키고 거주자들이 지역사회를 느낄 수 있게 만들었다.

Sociopolis Housing Block

Valencia, Spain 2007-ongoing

DAVID ADJAYE b. 1966

데이비드 아자예는 그의 세대에서 선두적인 건축가 중에 한 명이다. 탄자니아에서 태어나 영국에서 교육을 받았고, 1994년 자신의 스튜디오를 설립했다. 스튜디오는 현재 아자예 어소시에이츠로 개명됐고, 네 개의 국제적인 사무실이 있으며, 전 세계의 프로젝트를 수행한다. 아자예는 런던의 영국왕립예술학교와 건축협회 건축학교 등에서 학생들을 가르치고 있다. 그는 또한 다른 예술가들과 독창적인 공동 작업으로 잘 알려져 있다.

Washington Skeleton
and Washington Skin 2013

워싱턴 스켈레톤과 워싱턴 스킨은 아자예의 첫 번째 가구 컬렉션이며 2013년 크놀을 위해 만들어졌다. 이 두 가지 캔틸레버 구조의 의자는 동일한 디자인의 상호보완적인 버전이며, 서로 다른 소재를 사용했다: 각각 다이캐스트 알루미늄과 강화 나일론을 사용했다(외피와 의자다리는 세 부분으로 만들어졌고 스틸 파스너로 연결됐다).

의자 좌석은 붕 떠있는 것처럼 보이지만, 곡선이 진 다리의 캔틸레버 구조와 그 특별한 강화작용 덕분에 완벽하게 균형을 잡고 있다. 기하학적인 격자는 두 버전에서 모두 나타나며, 피복 속까지 파고들어 유기적인 구조를 연상시킨다. 예를 들어 오른쪽에서 왼쪽을 보면 나뭇잎의 표면 같다. 의자 모형은 형태에 대한 아자예의 조각적인 접근을 분명하게 보여준다. '의자의 부분들이 몹시 잘 어우러져 디자인 컨셉 가치가 높아졌다,'라고 그는 말했다. '이 컬렉션은 소재에 도전하고, 건축의 맥락에서 일할 때 내가 시도하는 것과 같은 방식으로 만들었다.'

동일한 상호작용이 모스크바의 스콜코보 경영대학 건물의 받침과 균형 사이에 명확하게 보인다. 건축물은 현재까지 아자예 작업 중 가장 큰 프로젝트다. 네 개의 거대한 블록이 이층으로 된 원형 받침 위에 불규칙적으로 놓여있다. 복합건물은 어느 방향에서 보는 지에 따라 다르게 보인다. 건축물의 위쪽 무리는 150m(492 ft) 상공에 떠 있다 - 널찍한 디스크는 중력에 대해 저항하는 것 같다. 의자 디자인이 그랬던 것처럼, 강화작용을 안정화시키는 것은 능숙하게 건축물과 섞여있다. 가구 디자인에서나 건축에서나 무엇이 아자예의 작업을 환상적으로 만드는 지에는 독창적인 배치, 기발한 구조, 창의적인 소재 선택, 조각적인 접근방식이 있다.

Skolkovo School of Management

Moscow, Russia 2010

2012 런던 올림픽의 올림픽 콜드론 디자인과 새로운 루트마스터 버스를 통해 명성을 얻기 전에, 토마스 헤더윅은 맨체스터 폴리테크닉과 영국왕립예술학교에서 입체 디자인을 공부했다. 그는 헤더윅 스튜디오의 창립자이자 대표이다. 오늘날 활동하는 가장 독창적인 디자이너 중에 한명으로서, 헤더윅의 혁신적인 접근방식과 관습에 얽매이지 않은 사고는 극적인 작업으로 이어진다. 보통 건축, 가구, 공학, 조각, 도시계획 분야에서 큰 규모의 프로젝트를 수행한다. 헤더윅은 1994년 런던 기반의 스튜디오를 설립했고 건축가, 디자이너, 제작자들과 한 팀으로 일한다.

UK Pavilion Shanghai, China 2010

THOMAS HEATHERWICK b. 1970

토마스 헤더윅은 아주 흥미롭고 혁신적이며, 기능적인 형태를 만든다. 스펀 체어를 포함한 그의 작업의 일부는 여러 산업적 프로세스와 제작 기술을 시험하는 동안 고안됐다. 스펀 체어는 금속회전 과정 중에 생각한 것이다. 그 결과 대칭적이고 인간공학적인 형태가 나왔고, 회전하는 의자로도 쓰이며 색다른 형태는 앉는 걸 즐겁게 만든다. 이탈리아 제조업자 마지스와 협업을 해서 회전몰딩 폴리우레탄으로 만든 버전을 제작했다.

스펀 체어를 만든 같은 해에, 헤더윅은 2010 상하이 엑스포를 위해 영국 파빌리온을 디자인했다. 도시의 미래라는 엑스포 주제에서 영감을 얻어, 건축물은 도시와 자연의 관계를 표현했다. 의자처럼 건축물 아이디어도 소재를 가지고 실험을 했고, 소재는 단지 표면보다는 그 이상이 됐다: 소재는 건축물의 형태를 결정지었다. 초기 컨셉은 파빌리온이 흔히 불리는 것처럼 '머리카락'에서 이름을 딴, '털이 난 건축물'이었다. 인형의 머리 꼭대기에 난 구멍을 통해 점토를 짜내어 만들었다. 디자인팀이 씨앗의 성전(씨앗은 잠재적인 성장의 상징이다)이라고 부르는 파빌리온은 60,000여개의 아크릴 막대로 된 은색 머리카락으로 만들어졌고, 그 끝에는 250,000 개의 씨앗이 들어있다. 건축물 표면은 바람에 흔들려 보이고, 부드러운 실루엣은 건축물의 뼈대보다 두드러진다.

Spun 2010

'스튜디오 작업의 중심에는 혁신적인 디자인 방법을 찾는 엄청난 헌신이 있으며, 예술적인 생각과 소재와 솜씨에 잠재하는 가능성에 전념하는 것도 포함된다,' 헤더윅은 말한다. '이 작업은 호기심과 실험정신을 가지고, 함께 합리적 탐구를 하는 작업방법을 통해 완성했다.'

TAD/Iceberg
Aarhus, Denmark 2013

JULIEN DE SMEDT b. 1975

줄리앙 드 스메는 고향인 브뤼셀뿐만 아니라 파리, 로스앤젤레스, 런던에서 공부했고, 런던의 바틀렛 건축학교를 졸업했다. 자신의 사무실을 차리기 전, 그는 렘 쿨하스(p.82)와 함께 일했고, 코펜하겐에 건축회사 플롯을 세웠다. 플롯은 2006년 해체됐다. 다방면에 걸쳐 일하는 그의 스튜디오, JDS 아키텍처도 또한 코펜하겐에 기반을 두고 건축과 디자인을 중점으로 일한다. 프로젝트는 큰 규모의 도시계획부터 가구디자인까지 이른다. 드 스메와 그의 팀은 도시, 거주용 건물, 상업건물, 교육건물, 해안가 개발 등에 관한 작업을 전 세계의 수많은 나라에서 수행했다.

본 체어 작업에 쓰인 역설계 방법은 좌석을 만들고 각 부분의 불필요한 소재를 제거하는 것을 포함한다. 의자에는 필요 없는 부분이 없다. 의자 구조와 뼈 모양의 형태는 매우 독창적인 겉모습과 기능적인 좌석을 낳았다. 드 스메는 자신의 디자인을 이렇게 설명했다 '의자 해체는 짐이 되는 모든 소재를 제거하는 것이다. 남은 것은 "뼈", 의자의 뼈대다.'

본 체어는 자연에서 영감을 얻은 형태를 취하는데 마치 컨셉을 따라 기능이 부여된 게 아니라, 기능을 따라서 컨셉이 생긴 것 같다. 드 스메의 건축물을 볼 때 비슷한 인상이 느껴진다. 오르후스 항구의 타드/아이스버그 주택 개발은 사용하지 않는 컨테이너 터미널에 새로운 활력을 줬다. 주거체계를 포함한 프로젝트는 총 200개의 아파트를 만들었다. 건물들의 형태는 매우 창의적이고 이름처럼 빙산을 닮았다. 그러나 돌 또는 다이아몬드 크리스털 같은 다른 유기적인 구조를 연상시키기도 한다.

드 스메는 단지를 아주 개성이 강한 형태로 만들어서 전형적인 주거지 구역을 다시 정의했다. 효과는 대단했다: 독특한 건물 겉모습은 탈공업화된 장소를 기능적이고 활기 넘치는 해안가 복합건물로 바꿨다. 건축가의 목적과 일치하는 이 지역은 역동적인 도시 구역이 되었고, 시각적으로 강렬하고 매력적이다. 여러 창문들이 넉넉한 자연 햇살을 전달하고 장관을 이루는 전망도 제공한다. 미적으로 아름답고 기술적으로 혁신적인, 드 스메의 디자인은 가구와 건축물을 새로운 단계로 이끌었다. 상대적으로 짧은 경력에도 불구하고, 그는 독창적인 디자인으로 이미 수많은 상을 받았다. 줄리앙 드 스메는 이 책에 실린 건축가들 중에 가장 나이가 적으며, 앞으로 지켜봐야 할 인물이다.

Bone Chair
2011

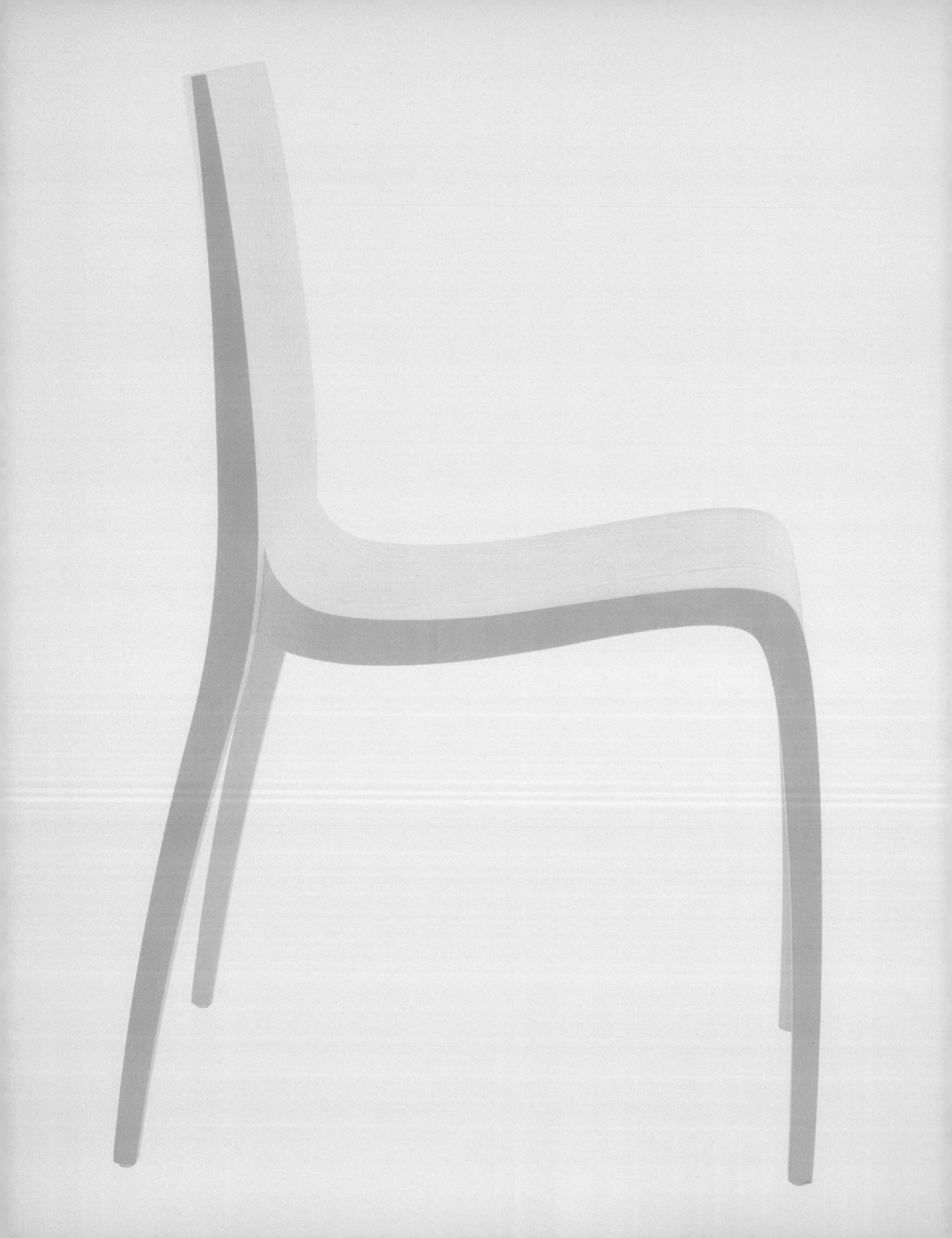

INTERVIEWS

디자인

데이비드 아자예, 아자예 어소시에이츠의 건축가 그리고 설립자, 런던

탄자니아 출신인 데이비드 아자예의 영향력은 컨템포러리 아트, 음악, 과학에서부터 아프리카 미술, 도시 생활까지 이른다. 1994년 그는 자신의 첫 사무실을 차렸고, 2000년 아자예 어소시에이츠로 개명했다. 오늘날 스튜디오는 전 세계에 네 개의 사무실을 갖고 있으며, 수행하는 프로젝트는 유통과 문화 복합건물부터 기업건물, 병원에 이른다. 아자예는 런던에 있는 영국 왕립예술학교와 건축협회 건축학교에서 강의를 해오고 있다. 가장 유명한 작업으로 오슬로의 노벨 평화 센터, 런던의 버니 그랜트 아트센터, 모스크바의 스콜코보 경영대학(p.114)가 있다. 그의 작업은 보통 예술가, 교육기관과의 협업의 결과이며, 2005년 베니스 비엔날레의 21세기 파빌리온은 티센 보르네미서 재단과 협력한 작업이다.

당신의 포트폴리오에 의자 디자인을 넣는 것이 중요하다고 생각합니까?

의자를 디자인하는 건 내 생각을 표현하는 기회를 주는 겁니다—나를 흥미롭게 하는 아이디어의 시험장이며, 생산과정에서 기술팀과 함께하는 기회입니다. 크놀(p.128)과 함께 의자를 만들면서 곡선을 제대로 배웠습니다. 이전에 제품을 디자인 할 때는, 가구 생산에 대해서 전혀 관심이 없었습니다. 그러나 이건 다릅니다. 가구는 어디에든 있을 수 있고, 모두가 일상생활에서 사용합니다—이런 배경이 있습니다. 의자 만드는 것은 뭔가 매우 강렬하고, 보람찹니다.

건축가는 산업 디자이너와 대조적으로 의자 디자인에 무엇을 제안할 수 있습니까?

아마 접근방식이 살짝 다를 것입니다. 개인적으로 작업에서 비판적인 주제를 탐색합니다: 조사, 역사, 물성. 우리 세계의 일부가 될 가능성을 부여하는 동안, 구체적인 조건을 찾고 더 자세히 표현하며, 아름다움을 주려고 노력합니다. 이런 과정을 규모에 상관없이 매 프로젝트마다 거칩니다.

의자가 예술작업의 축소 버전 또는 완전히 개인적인 프로젝트로써의 선언입니까?

공간에서 신체를 탐구하는 겁니다—가 의자와 어떻게 상호작용하는지, 제품만큼 건축물의 디자인을 알리는 일입니다. 처음 크놀이 내게 다가왔을 때 불안했습니다, 하지만 이건 실제로 연구한 시리즈를 제작하고 회사와 함께 연구한 것들이 생산과정을 거치도록 작업하는 것이었습니다. 그런 점이 매우 흥미로웠습니다.

가구와 건축물을 디자인하는 것에 차이가 있습니까?

크놀을 위해 여러 주제의 가구들을 만들었습니다—예를 들어 기념성과 역사—그리고 그 주제들은 건축 작업에서도 역시 분명하게 보입니다. 그래서 형식적인 표현은 현재 진행 중인 몇몇 건축물과 공유합니다. 공통의 연구방식이 있습니다.

의자를 디자인하는 것이 신기술이나 시각적인 생각을 시험해보는 방법이 될 수 있습니까?

디자인은 지역사회, 문화, 문명을 위한 요소들을 교화시키는 작업입니다. 우리가 누구이고, 어떤 가치를 가졌는지 말해주는 겁니다. 우린 항상 다른 의자가 필요할 텐데, 왜냐면 디자인은 에너지와 가속도와 함께하는 궤적이기 때문입니다. 크놀에서 만든 워싱턴 의자는 삼 년의 조사와 개발을 거친 제품입니다. 형태는 20세기 디자인 상징적인 특징을 이용했고, 반면 물성(캐스트 알루미늄 또는 나일론)은 21세기 기술과 기교의 결합을 제대로 조사했습니다. 한편 골은 장식으로 보일지도 모르는데, 이건 사실 구조를 보강하는데 필요한 사선형태 부분입니다 - 앉은 사람을 위한 보강 시스템의 정밀한 분석입니다. 이 프로젝트는 우리 시대를 규정하는 것에 대해 질문하면서 장식, 기술, 문화, 공동체에 대해 말합니다. 제 작업의 중심부에 접근하는 것입니다.

제조업자와 공동 작업과정인지 알고 있었습니까 또는 제조업자들이 나중에 개발하려는 컨셉을 예상했습니까?

우리는 전적으로 크놀의 프로세스를 따랐습니다. 실물 크기의 모형을 보고, 실현가능성과 미적이고 지적인 측면을 시험하는 건 정말 흥미로웠습니다. 또한 색 팔레트에도 참여했습니다—가능성과 한계에 대해서—그리고 어떻게 가구가 여러 환경에 따라 다르게 보이는 지 아주 조심스럽게 생각해봤습니다. 때로는 완성작을 조사할 때 생각하는 대로 이뤄집니다 - 테스트의 종류. 생각한대로 되지 않는다는 걸 즉시 알지만, 과정의 일부분이며, 샘플, 목업, 스케치를 굉장히 좋아합니다. 제작 중에 실물 크기를 다루고 조각할 수 있는 건 놀라운 사치에 해당합니다. 건물을 가지고 이렇게 하진 못합니다.

의자를 디자인할 때 무엇을 가장 고려합니까: 소재, 구조, 과정, 형태?

의자의 첫 스케치를 평가할 때 캔틸레버 구조의 의자다리가 특징이었고, 자리에 앉은 사람을 흉내 내는 의자 디자인의 핵심 아이디어였습니다. 의자를 사용할 때 의자가 거의 보이지 않습니다. 크놀은 등받이를 신축성 있게 만드는 소재에 대해서 기술을 개발했고, 의자다리의 T 접합기는 금속 인서트가 있어서 응력을 견뎌냅니다. 결과적으로 의자의 형태는 단순하지만 136kg(300 lbs)를 견딜 수 있습니다.

골은 원래 플라스틱으로 만들어졌고 이후 금속 버전으로 변경됐습니다. 금속과 플라스틱 둘 다 비용대비효율을 높이기 위해 우리는 두 부분으로 된 틀로 한정해서, 모든 구멍을 한 방향에서 뚫기로 했습니다. 처음엔 도전이라고 느껴졌는데 왜냐면 우리는 골이 얹힌 것보다는 의자와 통합된 느낌을 원했기 때문입니다. 금속과 플라스틱은 각각 다르게 만들어졌습니다. 응력 분석은 각각 다른 구조가 필요하고 (예를 들어 골의 개수와 크기), 캐스팅 과정의 문제에 대해 설명했습니다.

가장 도전을 요구했던 경험은 무엇이었습니까?

수많은 크기로 만들고 있던 당시, 크놀의 범주에서 정말 새로울 건 전체 컬렉션을 디자인하는 것이었습니다. 그건 정말 즐거웠습니다. 공동작업을 좋아하는데 - 공동 목표의 의미와 기술 팀과의 창의적인 대화 때문입니다.

Washington Skin

2013

'실물 크기의 모형을 보고 실현가능성과 미적이고, 지적인 측면을 시험하는 건 정말 흥미로웠습니다.'

Washington Skeleton and
Washington Skin 2013

제작

David E. Bright, Knoll

크놀은 1938년부터 유명한 디자이너, 건축가와 협업을 통해 현대적인 디자인을 만들어 온 것으로 잘 알려져 있다. 한스 크놀과 플로렌스 크놀이 설립했으며, 기업의 철학을 바우하우스 스쿨과 미시간의 크랜브룩 아트 아카데미의 가치관에 두었다. 그들은 훌륭한 솜씨와 기술을 조합해 새로운 가구를 만드는 데 성공했다. 크놀은 지속가능한 디자인을 위해 헌신하고, 사무실과 가정을 위한 가구를 생산했다. 크놀의 정책처럼, 크놀의 디자인은 영감을 주고, 진화하며, 오래가야 한다. 또한 건축 공간과 맞서지 않고 공간을 보완해야 한다.

크놀은 왜 건축가와 공동작업을 합니까?
우리의 회사의 창립자인 한스 크놀과 플로렌스 크놀은 좋은 디자인과 크놀 제품의 디자이너에 대한 확고한 의지를 바탕으로 활기찬 사업을 계획했습니다. 지금까지도 우리는 디자인, 공학, 소재의 혁신을 이용해 가장 진보적인 아이디어를 표현하는 건축가, 산업 디자이너와 함께 작업합니다.

어떤 건축가와 함께 작업할지 어떻게 선택합니까?
디자인 책임자 벤자민 파르도는 새 제품 개발을 위해 활동분야가 건축부터 정보 디자인에 이르는 국제적인 디자인 전문가들을 찾습니다. 그 다음 집중적인 협업 과정에 착수해서 컨셉을 도출하고 제품을 개발합니다.

건축가와 함께 의자 디자인을 개발합니까 또는 산업 디자이너의 도움을 얻습니까?
우리가 추구하는 디자인 업무의 수만큼, 개발과정도 다양합니다. 예를 들어 나무 등받이 의자를 사무실용에서 가정용으로 바꾸어 만드는 것은, 고도의 기능을 갖추고 인간공학적인 사무실 의자를 만드는 것보다 디자인, 공학, 제작에서 매우 다른 접근방식이 필요합니다.

많은 공동작업의 결과가 기술변화의 징표가 된 것 같습니까 또는 제작과정이나 소재를 검토하는 기회가 되었습니까?
각 프로젝트는 새로운 소재나 공학기술을 연구하는 게 특징이며, 이러한 활동은 시장에서 제품을 차별화시키고 우리 회사의 현대적이고 독특한 브랜드 용어와 어우러지게 만듭니다.

Generation Office Chair
2009

'각 프로젝트는 새로운 소재나 공학기술을 연구하는 게 특징입니다.'

Cross Check Chair Frank Gehry 1990 and
Womb Chair Eero Saarinen 1948

판매

Zeev Aram, designer and founder of Aram

런던의 센트럴 아트 스쿨에서 공부하고 여러 건축 사무소에서 일한 후, 가구 디자이너 지브 아람은 1964년 킹스 로드에 자신의 첫 번째 쇼룸을 차렸다. 그리고 쇼룸은 곧 디자인을 사랑하는 사람들에게 반드시 방문해야하는 곳이 됐다. 1973년 회사는 코벤트 가든의 킨 스트릿으로 이사 갔고, 현재까지 그 자리에 위치한다. 아람은 건축가와 인테리어 디자이너를 배출할 뿐만 아니라, 존경받는 디자이너와 재능 있는 신인이 만든 가구들을 계속해서 팔았다. 아람은 영국왕립예술협회의 회원이며, 알트라 테이블(1967), 아틀란틱 데스크(1971)는 그의 가장 상징적인 디자인으로 손꼽힌다.

건축가가 디자인한 의자와 가구 디자이너가 만든 것 사이에 차이가 있습니까?

전혀 없습니다. 좋게 디자인되면 그게 좋은 의자입니다. 나쁜 의자는 누가 디자인했는지 중요하지 않습니다.

가구 디자이너가 건축학적인 배경을 갖는 게 중요하다고 생각하십니까?

그렇지 않습니다, 단순히 어느 디자이너든, 건축가든 섬유유리 외피의 강도 같은 걸 미리 알아야 하고, 작업실에서 이걸 다룰 수 있어야 합니다. 당연히 디자이너는 똑똑해야 하지만 무엇보다도 재능이 있어야 합니다. 건축가가 되기 위한 교육과 준비과정이 디자이너가 되기 위한 과정보다 훨씬 더 엄격하고 광범위하다고 말할 수 있습니다. 건축가는 반드시 준비되어야 합니다. 두 기둥 사이에 있는 빔이 받는 응력을 알아야하는데, 왜냐면 엔지니어는 그에게 이렇게 말하기 때문입니다, 근데 그 사람 자신이 디자인하는 것에 대해 충분히 알고 있습니까?

왜 많은 건축가들이 자신의 포트폴리오에 의자 디자인을 넣고 싶어 한다고 생각합니까?

보통 무언가 하고 싶어 참지 못하는, 건축가 경력 초기에 이런 일이 많이 생깁니다. 가구, 특히 의자는 사용방식과 사용자에 따라 매우 다양합니다. 건축가는 자신의 재능을 발산할 수단을 원할 뿐만 아니라 시장에 강한 인상을 남기고 싶어 합니다. 보통 자신의 경력 초기에 그럽니다.–르 코르뷔지에(p.34), 알바 알토(p.44), 또한 아르네 야콥센(p.50)은 자신의 경력 초기에 의자를 디자인했습니다.–미래에 경험이 될 수 있는 활동을 위해 시간과 에너지가 있을 때 말입니다.

왜 다른 가구가 아니라 의자를 만들었습니까?

의자는 매우 흥미로운 성격을 가졌습니다. 사람들은 다양하고, 의자의 사용방식과 목적은 복잡하기 때문입니다. 그리고 제작과 기술의 가능성 역시 시험해봐야 합니다. 지금은 컴퓨터로 의자를 만들 수 있어서 가능성이 끝이 없습니다. 르 코르뷔지에는 집이 들어가 사는 기계라고 말했었습니다. 다르게 말하자면, 의자는 앉는 기계입니다.in

어쩌면 건축가들은 건축물이 자신의 재능을 보여주기에 충분하지 않다고 생각하는 겁니까?

상당수의 건축가들은 좋지 않은 의자를 디자인했지만, 자신의 건축물은 매우 성공적이었습니다. 그들 전체는 건축물을 디자인할 수 있기 때문에, 의자는 재능에 관한 것이 아닙니다. 하지만 뛰어난 의자를 디자인하는 능력은 없을 지도 모릅니다.

판매한 의자 디자인의 선택에 있어, 존경받는 디자이너의 작업에 집중합니까 아니면 젊고 재능 있는 신인의 작업을 찾아봅니까?

둘 다 아주 처음부터 지켜봅니다. 우리 회사는 바우하우스 그룹의 가치관을 표면하며 시작했고, 동시에 최근까지 활동한 카스티글리오니 형제, 비코 마지스트레티, 카를로 스카르파의 디자인을 들여왔습니다. 그래서 하나는 클래식이고 다른 하나는 현대적입니다. 가장 흥미로운 건 과거의 좋은 의자를 가져와서 다양성과 신선함이 있게 만든 것입니다. 사람들이 제게 와서 젊은 디자이너들에게 조언을 해달라고 요청하면, 보통 '과거를 공부하라'고 말합니다. 여러분이 만일 그렇게 한다면, 여러분은 충분한 재능을 가지고 현재를 이해할 것입니다. 우리가 이처럼 균형적인 시각을 보인다는 건, 저와 아람의 소비자 모두에게 중요합니다.

그럼 건축가가 디자인한 의자의 퍼센트가 높은데도 불구하고, 쇼룸을 준비할 때 고려대상이 되지 않습니까?

전혀 그렇지 않습니다. 몇몇 디자인은 소재, 사용법, 디자인이 자신의 시대보다 미래에 있습니다. 1859년에 만들어진 미카엘 토넷의 벤트우드 체어 14번은 완전히 새로운 디자인입니다. 비엔나의 모든 커피바에서 이 의자를 찾을 수 있는데, 그건 의자가 저렴해서가 아니라 아름답기 때문입니다. 그리고 마르셀 브로이어(p.52)는 자전거를 타는 동안 튜브를 구부릴 수 있는 걸 발견했고, 그의 창의력 덕분에 형태를 만들 수 있었습니다. 어떻게 물결모양을 먼저 만들었는지, 이후 많은 사람들 따라 해서 놀라울 뿐입니다. 알바 알토의 41번 라운지체어는 합판으로 된 첫 번째 의자이고, 평평한 합판 소재를 자르고 구부려서 입체형태를 만들었습니다. 또한 찰스 앤 레이 임스(p.54)는 부부가 함께 디자인 작업을 했으며, 전반적인 디자인에 혁신을 일으켰습니다; 이들의 디자인은 현재에도 계속 생산되고 있습니다. 그리고 알루미늄 그룹은 의자의 모든 세대에 영향을 줬습니다. 가장 의미 있는 의자에 속합니다. 완전히 새로운 컨셉의 개발은 재능과 능력이 필요하며, 이걸 보는 건 매우 즐겁습니다.

언급한 대부분의 디자이너가 건축가입니다...

맞을지도 모르겠지만, 토넷은 건축가가 아니었습니다. 카스티글리오니 형제 중에 한 명은 건축가였지만 형제는 가구만 만들었습니다. 이 점이 교육에 대한 제 의견에 영향을 줬습니다. 또한 건축가에게 먼저 접근하기도 합니다: 크놀은 미스 반 데어 로에(p.32)에게 디자인 요청을 했습니다. 또한 안타깝게도 멋진 의자를 만들지 못한 프랭크 게리(p.60)에게도 부탁했습니다. 몇몇 제조업자는 유명한 인물을 쓰고 싶어 합니다.

'전 절대로 매장에서 팔릴 걸 생각해서

제품을 구매하지 않습니다.

제품의 가치를 보고 삽니다.'

ARAM HOLDS THE WORLDWIDE LICENSE FOR EILEEN GRAY DESIGNS

어쩌면 건축가가 디자인한 의자는 시장에서 보다 더 오래간다고 생각하는 것 같습니다?

1920년대와 30년대에 활동한 건축가 주세페 테라니에 대한 이야기를 하겠습니다. 이탈리아 제조업자인 우리는 제작된 그의 작업을 상대하고 있었습니다. 우리는 박람회에서 만났고, 그의 의자 하나를 보고, 앉고 살펴보고 난 뒤 다른 의자를 보러 갔습니다. 제조업자가 의자에 대해 어떻게 생각하는지 물어보기에, 괜찮네요, 라고 말했고 그는 큰소리쳤습니다, '하지만 이건 테라니가 만든 것입니다!' 그래서 무슨 의미지? 여러분은 의자를 아무렇게나 말할 수 있으며, 그 의자는 아직도 별로 좋지 않을 것입니다. 또한 몇몇 제조업자는 이름을 알아내는데 전문가입니다; 사건은 리나 보 바르디에게 일어났습니다. 회사는 그녀와 함께 일해 보려고 결정했는데, 이유는 그녀가 갑자기 유명해졌기 때문입니다. 그래서 회사는 그녀가 1930년대에 디자인한 의자를 생산했습니다. 제가 보기엔 아주 뛰어난 디자인이 아닌데도 말입니다.

건축가의 작가적 지위가 고객에게 결정적인 요소가 됩니까?

몇몇 고객에게는 결정적 요소로 작용합니다. 예술작품을 구매하는 것처럼, 이건 약간 사고방식이라고 볼 수 있습니다. 디자이너가 유명하면 좋아합니다. 그리고 항상 그런 것은 아닙니다. 보통 일정 가격 정도에 분포합니다. 많은 사람들이 다른 물건을 사는 것처럼 디자이너의 의자를 구매합니다: 여유가 되는 사람과 자랑하고 싶은 사람들. 게다가 바라건대, 구매한 사람들이 정말로 디자인을 좋아하고 편안함을 느꼈으면 좋겠습니다. 건축가가 만든 것이든 아니든, 잘 만들어진 가구의 장점은 대부분 높은 중고 가치를 가지는 것입니다.

많은 사람들이 투자로써 의자를 구매한다고 느낍니까?

사람들이 투자 때문에 산다고 생각하진 않습니다. 만일 여러분이 아일린 그레이(p.28)의 의자를 산다면, 여러분은 앞으로 오년의 시간동안 의자의 가치가 떨어지지 않고, 원한다면 되팔 수 있다는 것을 압니다. 가짜를 산다면 그건 재앙입니다. 첫 해에는 정말 좋지만 시간이 지나면 아무 가치가 없습니다.

어떤 건축가의 의자가 고객들에서 가장 유명합니까?

말해줄 수 없습니다. 말하기 싫은 게 아니라 전체적인 설문을 해야 하기 때문입니다. 우리 회사는 50년 동안 판매를 해왔습니다. 몇몇 베스트셀러가 있지만 어떤 의자인지 체크하는 건 이상하게 느껴집니다. 전 절대로 매장에서 팔릴 걸 생각해서 제품을 구매하지 않습니다. 제품의 가치를 보고 삽니다. 흥미로운 건 몇 모델의 유명세가 계절에 따라 다르다는 겁니다. 광고에 영향을 받지만, 상품이 매우 유명해지거나 사람들이 다시 돌아가 원본을 선호할 때도 또한 이런 일이 생깁니다.

어떤 건축가와 한 공동작업이 가장 즐거웠습니까?

두 명이 있습니다. 하나는 시로 쿠라마타, 아주 흥미롭고 계몽적인 디자이너였습니다. 유럽에서 그의 첫 전시회를 열었고, 그와 함께 일할 수 있어서 행복했습니다. 두 번째는 아일린 그레이입니다. 그녀와는 조금 다른 즐거움이 있었는데, 왜냐하면 그녀는 정말로 기억을 잊어버렸고 우리가 겨우 기억을 상기시켰기 때문입니다: 그녀에 관한 책과 전시가 현재 열리고 있으며, 대표적인 건축물도 복구됐습니다. 아마 어떻게든 일어났겠지만 제게 일어났다는 게 좋습니다. 그녀가 93세일 때 만났는데, 아주 밝았습니다. 우리가 서로 더 잘 알게 됐을 때, 그녀에게 모든 동료들이 현재 유명인이 된 걸 어떻게 느끼는지 물어봤습니다. 그녀는 저를 보고 손을 흔들며 겨우 이렇게 말했습니다, '그건 과거지', 왜냐하면 인정할 수 없었기 때문입니다. 그녀는 자신의 비벤덤 체어의 프로토타입을 보려고 우리 회사로 왔습니다. 가장 지독한 고동색 대리석 무늬의 PVC로 씌워졌고, 금속은 은색으로 칠해졌습니다. 그녀가 막 도착하려던 때 더 이상 시간이 없었습니다. 그녀는 이전에 몇몇 버전을 만들었고, 드로잉이 없었기 때문에 프랑스에서 재구매한 다음 제게 건네줬습니다. 결국 우리는 두 가지 다른 버전의 사진 두 장만을 얻었고, 확인했습니다. 그녀는 결과를 보고 오래전에 잃어버린 인형을 찾은 아이처럼 미소 지었습니다. 그런 그녀의 얼굴을 보는 건 믿기 어려웠습니다.

수집

Richard Wright, President, Wright Auction House

2000년 시카고에 설립된 라이트 옥션 하우스는 근대와 컨템포러리 디자인이 전문이다. 전 세계적으로 수집가들의 주목을 받기 시작한 이래로, 20세기와 21세기 디자인의 스펙트럼을 아우르는 40,000개의 품목을 다룬다. 경매에서 건축의 챔피언인 라이트는 시카고와 뉴욕에 사무실과 전시 장소를 갖고 있으며, 수많은 경매, 프리뷰, 행사, 쇼를 주최했다.

근대 디자인의 세계 시장 중에 건축가가 디자인한 가구는 어느 정도 됩니까?
건축가가 디자인한 가구는 아마 세계 디자인 시장의 절반을 차지할 겁니다. 라이트에 있는 소재가 약 75퍼센트 정도 됩니다.

경매인의 관점에서 건축가의 의자 디자인의 등급은 어떻습니까?
건축가들은 현존하는 가구 형태의 단순한 스타일과 반대로 엄격한 기준의 디자인을 하려는 경향이 있습니다. 경매인의 관점에선 기본적으로 중립적인 입장이며, 디자인 관점에서는 건축가의 의자 디자인 대개 항상 더 뛰어납니다.

'스타 건축가'의 위신이 가격에 영향을 줍니까?
생산의 질이 가치에 직접적인 영향을 주지만, 대체로 가격을 상승시킵니다.

굉장한 건축적인 작업이 완성되면, 구매자들은 건축가의 의자 디자인을 더 매력적으로 느낍니까?
건축가의 유명세와 건축가의 가구 디자인 사이에 상관관계는 있습니다. 같은 건축가가 만든 관련 없는 작업에 대한 가구의 가치 상승은 덜 직접적입니다.

건축가의 의자가 좋은 투자가 될 수 있습니까? 산업 디자이너의 가구보다 좀 더 안전한 투자입니까?
그렇습니다, 건축가의 의자는 좋은 투자물이 될 수 있지만, 가장 큰 가치는 의자와 함께 사는 기쁨에서 옵니다. 보통 특정한 중요 의뢰에 의한 주문제작은 아마 오랫동안 그 진가를 느낄 수 있을 것입니다.

경매에 어떤 건축가 디자인 의자가 보통 나옵니까?
두서너 가지 예를 들면 프랭크 로이드 라이트(p.22), 미스 반 데어 로에(p.32), 찰스 앤 레이 임스(p.54), 프랭크 게리(p.60)가 디자인한 의자가 있습니다. 라이트 옥션 하우스의 모든 디자인 경매는 많은 건축가의 작품이 특징입니다.

고객에게 건축가가 디자인한 의자라는 점이 중요합니까? 아니면 산업 디자이너가 만든 의자라는 점이 중요합니까?
몇몇 수집가는 디자인의 역사에 집중하는데, 그런 건 건축가의 디자인 가구에 편견을 갖고 있습니다. 다른 수집가들은 양식에 좀 더 초점을 두며, 누가 만들었는지에 대한 차이는 그들에게 별로 중요하지 않습니다.

어떤 건축가의 디자인이 고객들에게 가장 유명합니까? 그리고 지금까지 건축가의 의자 디자인 중에 베스트셀러는 어느 것입니까?
카를로 몰리노, 게리트 리트벨트(p.36), 프랭크 로이드 라이트의 몇 작품이 가장 잘 팔립니다. 이들보다 가격이 그다지 높진 않지만, 찰스 앤 레이 임스의 작업들도 계속해서 많이 팔고 있습니다.

109

뉴욕의 현대미술관 같은 고객들이 여러 의자를 구매했습니다. 이런 점이 가격이나 대중의 관심에 영향을 줍니까?
물론입니다, 이런 기관의 수집 기준 뒤에는 디자인 수집가들이 빠르게 잇따릅니다.

건축가의 디자인 제품을 전시할 때, 디자이너의 건축적 배경을 강조합니까 또는 건축과 가구 디자인 사이의 관련성을 피합니까?
적절한 시기에 구매자에게 건축가의 폭넓은 경력에 대해 알립니다. 일반적으로 카탈로그를 통해 알리고, 때론 의자가 본래 어느 건축물을 위해 디자인되었는지 그림도 넣습니다.

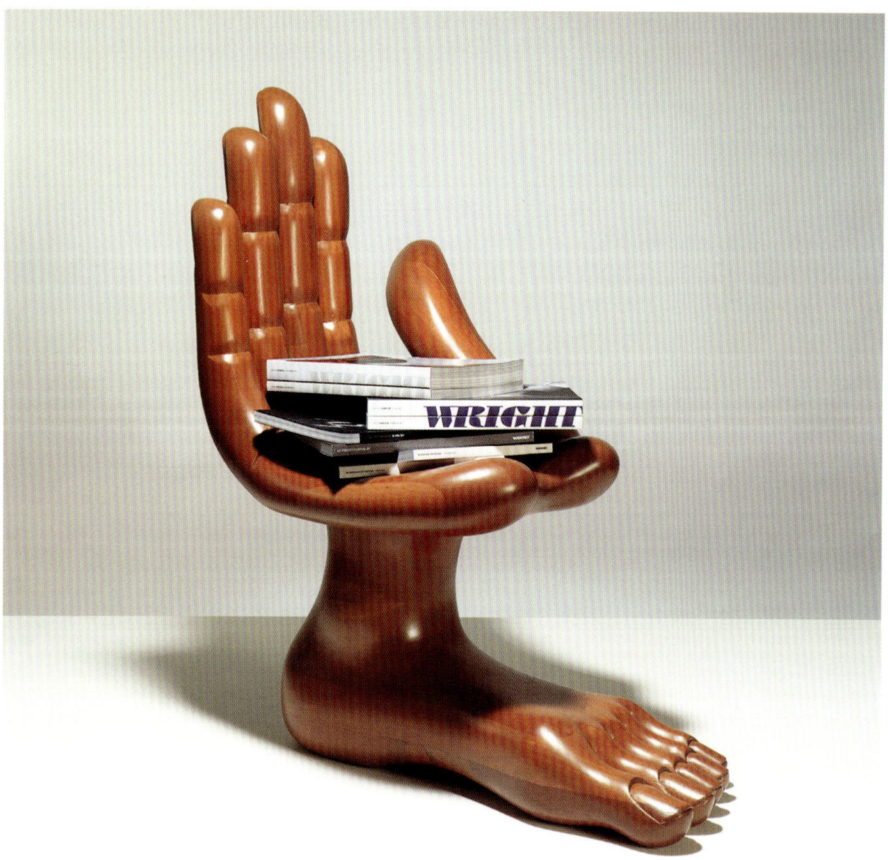

'적절한 시기에 구매자에게
건축가의 폭넓은 경력에 대해 알립니다.'

보존

Susanne Graner, Head of Collection & Archive, Vitra Design Museum

1989년 롤프 펠바움, 비트라 가구회사의 소유주가 설립한 비트라 디자인 뮤지엄은 처음에 개인 수집가의 박물관으로 만들어졌다. 1990년대에 박물관은 국제적으로 찬사를 받는 전시를 열기 시작했고, 보통 유명한 디자이너와 함께 공동작업을 하며 대부분 다른 기관에서도 작업했다. 박물관의 영구 소장품은 온라인에서 볼 수 있고 계속해서 늘어난다. 프랭크 게리(p.60)가 디자인한 박물관은 독일 바일 암 라인의 비트라 캠퍼스에 있으며, 플래그쉽 스토어인 비트라하우스와 비트라 슬라이드 타워, 생산시설도 있다. i

건축가가 만든 의자는 디자인의 역사에 어떤 방식으로 영향을 줬습니까?

유명한 몇 작품은 창의적이고, 기능적이며, 혁신적인 특성으로 디자인 역사에 기여하지만, 작품들이 건축가가 디자인했기 때문에 그런 것만은 아닙니다. 특히 20세기 전반에 많은 건축가가 공간, 도시에서 나아가, 디자인에 대한 전체론적인 이해정신을 바탕으로 건축물의 소품까지 디자인했습니다. 하지만 건축가의 역할은 시간에 따라 달라졌습니다. 요즘 인테리어 디자인은 보통 제품 디자이너 같은 다른 분야 전문가들이 담당합니다. 그리고 오늘날에는 고품질의 가구를 고를 수 있어서, 새로운 아이디어가 담기고 현대의 생활과 일의 수준을 만족하는 디자인 가구의 수요는 감소하고 있습니다.

건축가가 디자인한 의자는 디자인 전문가에 의해 만들어진 카테고리와 박물관 소장품에서 분리해서 취급해야 합니까?

소장품에서 건축가의 의자들을 따로 분류하지 않아도 됩니다. 건축가의 작가적 지위는 좋은 디자인의 필수적인 보장이 되지 않으며, 다른 가구들처럼 '예술가의 가구' 또는 '디자이너의 가구'로 분류합니다. 하지만 그런 작품은 여러 전시에 참여합니다.

비트라의 영구 소장품에 있는 의자 디자인은 전 세계와 모든 시기의 작품을 다룹니까?

박물관은 가구, 조명, 그리고 다른 작품 등의 디자인 컬렉션을 대규모로 소유하고 있습니다. 비트라의 산업 디자인 가구부분 컬렉션은 전 세계의 가구 컬렉션 중에 가장 크고, 7,000 여개의 작품을 소장합니다. 최근에 두 번째로 집중하고 있는 것은 거대한 조명 컬렉션을 꾸리는 것인데 현재 약 1,200 개의 작품을 보유하고 있습니다. 컬렉션의 핵심에는 근대 가구 디자인을 이끈 인물들의 테이블웨어, 소비자 가전, 건축 모형, 여러 단지 또는 부분적인 단지 모형 등이 작은 그룹을 형성하고 있습니다: 찰스 앤 레이 임스(p.54); 조지 넬슨; 베르너 팬톤; 알렉산더 지라드와 안톤 로렌츠의 작업입니다. 우리 박물관은 계속해서 컬렉션을 연구하고 넓혀가고 있으며, 아카이브실과 도서관을 통해 보완합니다. 컬렉션에 있는 작품은 여러 전시에서 중요한 토대가 되며, 박물관 또한 국제적인 전시의 체계에 있는 다른 기관에 작품을 대여하기도 합니다(특별히 깨지기 쉽거나 귀중한 작품은 제외합니다).

특정 의자를 구매하는 데 어떤 결정과정이 있습니까?

컬렉션은 중요한 시대, 작품, 산업디자인 가구의 창작자로 구성되어 있습니다. 몇몇 오해와는 다르게 컬렉션은 비트라 회사에서 생산하는 작품으로만 제한하지 않습니다. 컬렉션 기준은 '산업 디자인'이란 용어의 정의에 주요한 기원을 두고 있고, 일시적이며, 주제와 관련되고, 교훈적인 기준에 기초를 둡니다. 예를 들어, '산업 디자인 가구'라는 용어는 기술적, 구조적, 기능적인 혁신 같은 카테고리에 집중합니다. 미적인 혁신은 앞전 형태의 혁신에 대부분 연관돼서 포함되어 있습니다. 컬렉션은 가능한 가장 종합적인 양식의 산업 디자인 가구역사를 반영해야하며, 그래서 작품들은 특정한 동향의 출현과 발전에 특별한 중요성을 두고 수집되었습니다. 그리고 벤트우드, 튜브로 된 스틸, 장 프루베(p.48), 알바 알토(p.44) 등 핵심기술이나 형태에 강조를 두었습니다.

의자의 복원과 보존에 특별한 도전이 필요합니까?

우리 업무의 흥미롭고 도전적인 부분은 굉장히 다양한 소재로 만들어진 의자를 보전하는 것입니다. 소재의 범주는 나무와 니켈 도금의 스틸 튜브부터 가죽, 섬유, 종이, 모든 합성물질들, 생분해성 고분자 같은 현대적인 소재까지 이릅니다. 모든 합성소재들은 특별한 그룹으로 분리되는데, 컬렉션 중에 가장 최근 소재인데도 이미 뚜렷한 손상의 표시가 나기 때문입니다. 이러한 소재들의 보존하고 복원하는 과정은 몇 년이나 걸립니다. 그래서 우리는 종종 새로운 방법을 찾는 데 직면합니다. 보존은 수집, 전시, 대여 같은 박물관의 주요 업무와 관련이 있습니다.

'비트라의 산업 디자인 가구부분
컬렉션은 전 세계의 가구 컬렉션 중에
가장 규모가 큽니다.'

ARCHITECTS

ALVAR AALTO [44]
aalto.com

DAVID ADJAYE [114]
London, UK
adjaye.com

TADAO ANDO [78]
Osaka, Japan
tadao-ando.com

RON ARAD [96]
London, UK
ronarad.co.uk

WIEL ARETS [104]
Amsterdam, Netherlands
wielaretsarchitects.com

SHIGERU BAN [108]
Tokyo, Japan (with offices worldwide)
shigerubanarchitects.com

MARIO BELLINI [72]
Milan, Italy
bellini.it

MARIO BOTTA [80]
Mendrisio, Switzerland
botta.ch

MARCEL BREUER [52]
marcelbreuer.org

SANTIAGO CALATRAVA [98]
New York, New York, USA (with offices worldwide)
calatrava.com

JULIEN DE SMEDT [118]
Copenhagen (with offices worldwide)
jdsa.eu

JEAN-MARIE DUTHILLEUL [100]
Paris, France (with offices worldwide)
arep.fr

CHARLES AND RAY EAMES [54]
eamesoffice.com

NORMAN FOSTER [68]
London, UK (with offices worldwide)
fosterandpartners.com

DORIANA AND MASSIMILIANO FUKSAS [84]
Rome, Italy (with offices worldwide)
fuksas.it

FRANK GEHRY [60]
Los Angeles, California, USA
foga.com

ZAHA HADID [92]
London, UK
zaha-hadid.com

THOMAS HEATHERWICK [116]
London, UK
heatherwick.com

STEVEN HOLL [90]
New York, New York, USA
stevenholl.com

ARATA ISOZAKI [62]

Tokyo, Japan (with offices worldwide)

isozaki.co.jp

ARNE JACOBSEN [50]

arne-jacobsen.com

WARO KISHI [94]

Kyoto, Japan

k-associates.com

REM KOOLHAAS [82]

Rotterdam, Netherlands (with offices worldwide)

oma.eu

KENGO KUMA [102]

Tokyo, Japan

kkaa.co.jp

DANIEL LIBESKIND [88]

New York, New York, USA

libeskind.com

PIERO LISSONI [106]

Milan, Italy

lissoniassociati.com

GREG LYNN [112]

Venice, California, USA

glform.com

RICHARD MEIER [70]

New York and Los Angeles, USA

richardmeier.com

ALESSANDRO MENDINI [64]

Milan, Italy

ateliermendini.it

JEAN NOUVEL [86]

Paris, France

jeannouvel.com

SATOSHI OKADA [110]

Tokyo, Japan

okada-archi.com

GAETANO PESCE [76]

New York, New York, USA

gaetanopesce.com

RENZO PIANO [74]

Genoa, Italy, and Paris, France

rpbw.com

JEAN PROUVÉ [48]

jeanprouve.com

ÁLVARO SIZA [66]

Porto, Portugal

alvarosizavieira.com

BUILDINGS

AUSTRIA

Secession Building, Vienna [20]
Joseph Maria Olbrich, 1898

Villa Wagner II, Vienna [12]
Otto Wagner, 1912–13

BELGIUM

Horta House, Brussels [16]
Victor Horta, 1898–1901

Palais Stoclet, Brussels [26]
Josef Hoffmann, 1905–11

BRAZIL

Niemeyer Building, Belo Horizonte [56]
Oscar Niemeyer, 1954

Bahia House, Bahia [76]
Gaetano Pesce, 2006

CANADA

Michael Lee-Chin Crystal, Toronto, Ontario [88]
Daniel Libeskind, 2007

CHINA

UK Pavilion, Shanghai [116]
Thomas Heatherwick, 2010

Sifang Art Museum, Najing [90]
Steven Holl, 2013

City of Dreams Hotel, Macau [92]
Zaha Hadid, 2017

DENMARK

National Bank of Denmark, Copenhagen [50]
Arne Jacobsen, 1965–78

TAD/Iceberg, Aarhus [118]
Julien De Smedt, 2013

FINLAND

Finlandia Talo Huset Hall, Helsinki [44]
Alvar Aalto, 1967–71

FRANCE

E1027, Roquebrune-Cap-Martin [28]
Eileen Gray, 1924–9

Maison Bloc, Meudon [42]
André Bloc, c. 1950

TGV Station, Avignon [100]
Jean-Marie Duthilleul, 2001

Fondation Jérôme Seydoux-Pathé, Paris [74]
Renzo Piano, 2014

GEORGIA

Public Service Hall, Tbilisi [84]
Doriana and Massimiliano Fuksas, 2012

GERMANY

Charlottenhof Palace, Potsdam [10]
Karl Friedrich Schinkel, 1826–9

Bauhaus-Universität, Weimar [18]
Henry van de Velde, 1904–11

Bauhaus School, Dessau [30]
Walter Gropius, 1926

Weissenhof Estate, Stuttgart [46]
Mart Stam, 1927

Unité d'Habitation, Berlin [34]
Le Corbusier, 1957

Neue Nationalgalerie, Berlin [32]
Mies van der Rohe, 1968

'Green Towers', Deutsche Bank, Frankfurt [72]
Mario Bellini, 2006–11

GREECE

M2 Concert Hall, Thessaloniki [62]
Arata Isozaki, 2000

ISRAEL

Design Museum, Holon [96]
Ron Arad, 2010

ITALY

Pirelli Tower, Milan [38]
Giò Ponti, 1956

Church, Seriate [80]
Mario Botta, 2004

Ara Pacis Museum, Rome [70]
Richard Meier, 2006

Mare Pineta Hotel, Cervia [106]
Piero Lissoni, 2010

JAPAN

Church of the Light, Osaka [78]
Tadao Ando, 1989

Paper House, Yamanashi [108]
Shigeru Ban, 1995

GC Prostho Museum Research Design Centre, Kasugai-shi [102]
Kengo Kuma, 2010

Kit House, Kyoto [94]
Waro Kishi, 2010

House U, Tokyo [110]
Satoshi Okada, 2013

NETHERLANDS

Schröder House, Utrecht [36]
Gerrit Rietveld, 1923–4

Groninger Museum, Groningen [64]
Alessandro Mendini, 1994

PORTUGAL

Portugal Pavilion, Lisbon [66]
Álvaro Siza, 1998

Casa da Musica, Porto [82]
Rem Koolhaas, 2005

RUSSIA

Skolkovo School of Management, Moscow [114]
David Adjaye, 2010

SPAIN

Casa Batlló, Barcelona [14]
Antoni Gaudí, 1904–7

Montjuïc Communications Tower, Barcelona [98]
Santiago Calatrava, 1992

Renaissance Fira Hotel, Barcelona [86]
Jean Novel, 2012

Jellyfish House, Marbella [104]
Wiel Arets, 2013

Sociopolis Housing Block, Valencia [112]
Greg Lynn, 2007-ongoing

UK

School of Art, Glasgow [24]
Charles Rennie Mackintosh, 1897–1909

30 St Mary Axe, London [69]
Norman Foster, 1997-2004

USA

VDL House, Los Angeles, California [40]
Richard Neutra, 1932-63

Eames House, Pacific Palisades, California [54]
Charles and Ray Eames, 1949

Guggenheim Museum, New York, New York [22]
Frank Lloyd Wright, 1959

Dulles International Airport, Washington, DC [58]
Eero Saarinen, 1958

Whitney Museum of American Art, New York, New York [52]
Marcel Breuer, 1966

Walt Disney Concert Hall, Los Angeles, California [60]
Frank Gehry, 2003

OTHER

Maison Démontable 8x8 [48]
Jean Prouvé, 1945

CHAIRS

19TH CENTURY

ARMCHAIR [10]
Karl Friedrich Schinkel, c. 1835

DINING ROOM CHAIR [16]
Victor Horta, 1890s

BLOEMENWERF CHAIR [18]
Henry Van de Velde, c. 1895

ARMCHAIR [20]
Joseph Maria Olbrich, 1899

1900s

PADOUK ARMCHAIR [14]
Antoni Gaudí, c. 1902

HILL HOUSE CHAIR [24]
Charles Rennie Mackintosh, 1904

SITZMASCHINE [26]
Josef Hoffmann, c. 1905

STOOL [12]
Otto Wagner, 1906

1920s

F51 CHAIR [30]
Walter Gropius, 1920–3

RED BLUE CHAIR [36]
Gerrit Rietveld, c. 1923

ROQUEBRUNE CHAIR [28]
Eileen Gray, c. 1927

S33 [46]
Mart Stam, 1927
Producer: Thonet

LC2 [34]
Le Corbusier, 1928

BARCELONA CHAIR [32]
Mies van der Rohe, 1929
Producer: Knoll

1930s

NO. 41 [44]
Alvar Aalto, 1930–1
Producer: Oy. Huonekalu-ja

STANDARD CHAIR [48]
Jean Prouvé, 1934
Producer: Vitra

ISOKON DINING CHAIR [52]
Marcel Breuer, 1936
Producer: Isokon

1940s

TALIESIN WEST CHAIR [22]
Frank Lloyd Wright, 1946

DINING CHAIR [40]
Richard Neutra, 1948

1950s

ANT [50]
Arne Jacobsen, 1952

BELLEVUE CHAIR [42]
André Bloc, 1952

TULIP CHAIR [58]
Eero Saarinen, 1955
Producer: Knoll

SUPERLEGGERA [38]
Giò Ponti, 1957
Producer: Cassina

EA105 [54]
Charles and Ray Eames, 1958
Producer: Vitra

1970s

MARILYN CHAIR [62]
Arata Isozaki, 1973
Producer: Tendo Japan

ARMCHAIR 810 [70]
Richard Meier, 1978 (reissued 2012)
Producer: Knoll (1978); Strada (2012)

RIO [56]
Oscar Niemeyer, 1978
Producer: Tendo Brasiliera

PHOTO CREDITS

1 © courtesy Wright; **2** © courtesy of Kengo Kuma & Associates, photo Masatoshi Mori; **4** © courtesy of Zaha Hadid Architects; **7** © courtesy of Aram Store, photography by Paul Raeside; **8–9** © courtesy of Zaha Hadid Architects; **10** © Victoria & Albert Museum, London, UK/De Agostini Picture Library/Bridgeman Images; **11** © Inavan Hateren/Shutterstock; **12** © Bridgeman Images; **13** © courtesy of Joachim Stein www.la-belle-epoque.de; **14** © Luciano Mortula / Shutterstock.com; **15** © Christie's Images/Bridgeman Images; **16–17** © Richard Bryant/Arcaid; **18** © De Agostini Picture Library/Bridgeman Images; **19** © Florian Monheim/Bildarchiv-Monheim/Arcaid; **20** © Borisb17/Shutterstock; **21** © courtesy of Wright; **22** © Jorg Hackemann/Shutterstock.com; **23** © Vitra Design Museum, photo Andreas Sütterlin; **24** © De Agostini Picture Library/Bridgeman Images; **25** © Claudio Divizia/Shutterstock.com; **26** © Christie's Images/Bridgeman Images; **27** © Bridgeman Images; **28** © Manuel Bougot; **29** © Christie's Images/Bridgeman Images; **30** © courtesy of Tecta; **31** © Leonid Mylnikov/Shutterstock.com; **32** © G Jackson/Arcaid; **33** © andersphoto/Shutterstock.com; **34** © Claudio Divizia/Shutterstock.com; **35** © courtesy of Christie's Images Ltd, 2011; **36** © The Sherwin Collection, Leeds, UK / Bridgeman; **37** © Anton Havelaar/Shutterstock.com; **38** © pio3/Shutterstock.com; **39** © courtesy of Cassina, Superleggera chair by Gio Ponti, 1957 Cassina; **40** © courtesy of VS and Dion Neutra; **41** © Richard Powers/Arcaid; **42** © Vitra Design Museum, photo Thomas Dix; **43** © www.fr.topic-topos.com; **44** © ZygiStudio/Shutterstock.com; **45** © Thomas Hernandez/Shutterstock.com; **46** © Victoria & Albert Museum, London, UK/Bridgeman Images; **47** © Nicholas Kane/Arcaid; **48–9** © Galerie Patrick Seguin; **50** © The Israel Museum, Jerusalem, Israel/Bridgeman Images; **51** © Carsten Medom Madsen/Shutterstock.com; **52** © University of East Anglia, Norfolk, UK / UEA Collection of Abstract and Constructivist Art / Bridgeman Images; **53** © David Churchill/Arcaid; **54** © andersphoto/Shutterstock.com; **55** © Kim Ho; **56** © Christie's Images/Bridgeman Images; **57** © Ronaldo Almeida/Shutterstock.com; **58** © Joe Ravi/Shutterstock.com; **59** © The Israel Museum, Jerusalem, Israel/Bridgeman Images; **60** © courtesy of Heller; **61** © Gerry Boughan/Shutterstock.com; **62** © George Messaritakis/Arcaid; **63** © courtesy of Arata Isozaki & Associates; **64** © Patricia Hofmeester/Shutterstock.com; **65** © Stefano Tinti/Shutterstock.com; **66** © StockPhotosArt / Shutterstock.com; **67** © Richard Bryant/Arcaid; **68** © courtesy of Emeco; **69** © pcruciatti/Shutterstock.com; **70** © courtesy of Knoll, Inc.; **71** © Annto/

Shutterstock.com; **72** © courtesy of Mario Bellini Architects & Deutsche Bank; **73** © courtesy of Horm.it; **74** © courtesy of Michel Denancé; **75** © courtesy of Riva1920; **76** © courtesy of Gaetano Pesce's Office, photo Ruy Teixeira; **77** © courtesy of Gaetano Pesce's Office; **78** © courtesy of Carl Hansen & Søn; **79** © Sira Anamwong/Shutterstock.com; **80** © courtesy of Mario Botta, photo Aldo Ballo; **81** © courtesy of Mario Botta, photo Enrico Cano; **82** © nessa_flame/Shutterstock.com; **83** © courtesy of Knoll, Inc.; **84** © courtesy of Poltrona Frau, photo Pietro Carrieri; **85** © courtesy Studio Fuksas, photo Moreno Maggi; **86** © courtesy of Alis / design by Jean Nouvel Design; **87** © Inigo Bujedo Aguirre; **88** © ValeStock/Shutterstock.com; **89** © courtesy of Daniel Libeskind Studio, photo Brian Doyle; **90** © Clement Guillaume / Bridgeman Images; **91** © courtesy of Wright and Steven Holl Architects; **92–3** © courtesy of Zaha Hadid Architects; **94** © courtesy of Waro Kishi + K. Associates, photo Shigeo Ogawa; **95** © courtesy of Waro Kishi + K. Associates, photo Hiroyuki Hirai; **96** © courtesy of Moroso, photo Alessandro Paderni; **97** © Amit Geron/Arcaid; **98** © courtesy of Wright; **99** © Lukasz Janyst/Shutterstock.com; **100** © courtesy of Agence Duthilleul, photo D. Boy de la Tour; **101** © courtesy of Agence Duthilleul, Gare d'Avignon TGV. Hall et mezzanine (juin 2003) SNCF - AREP / Photographe S. LUCAS Architectes : JM Duthilleul, F. Bonnefille, E. Tricaud; **102** © courtesy of Kengo Kuma & Associates, photo Daici Ano; **103** © courtesy of Kengo Kuma & Associates, photo Masatoshi Mori; **104–5** © Jan Bitter; **106** © courtesy of Cassina; **107** © courtesy of Lissoni Associati, photo Cesare Chimenti; **108** © courtesy of Shigeru Ban Architects, photo Hiroyuki Hirai; **109** © courtesy of Shigeru Ban Architects; **110–11** © courtesy of Satoshi Okada; **112** © courtesy of Vitra; **113** © courtesy of Greg Lynn Form; **114** © courtesy of Knoll, Inc.; **115** © drserg/Shutterstock.com; **116** © Tim Franco/Arcaid; **117** © courtesy of Magis, photo Tom Vack; **118** © courtesy of JDS Architects, photo Mikkel Frost; **119** © courtesy of JDS Architects, photo Nikolaj Moeller; **120–1** © courtesy of Horm.it; **123** © courtesy of Adjaye Associates, photo Ed Reeves; **124,126–7, 129, 130–1** © courtesy of Knoll, Inc.; **133** © courtesy of Zeev Aram, photography by Shira Klasmer; **134–5, 136** © courtesy of Aram Store, photography by Paul Raeside; **139, 140, 141, 142–3** © courtesy Wright; **144–5** © Vitra Design Museum, photo: Thomas Dix; **147, 148–9** © Alvar Aalto Touring Exhibition by the Vitra Design Museum, photo: Ursula Sprecher

감사의 글

Zeev Aram, Sarah McCauley, David Adjaye, Gayle Markovitz, David Bright, Amber Soto, Katie Okamoto, Natalie Meier, Eileen Portmann, Susanne Graner, Viviane Stappmanns, Richard Wright, Clare Meyer, Zaha Hadid, Miriam Mandel, Shigeru Ban, Junko Sakuta, Michel Denancé, Joachim Stein, Daniel Libeskind Studio, Lana Barkin, Christie's, Georgina Bale, Eames Office, Genevieve Fong, Thomas Heatherwick Studio, Greg Lynn Studio, Sean Boyd, Satoshi Okada, Lissoni Associati, Donatella Brun, Jan Bitter, Kengo Kuma, Mariko Inaba, Agence Duthilleul, Judith Thepot, Ron Arad Studio, Clodagh Latimer, Waro Kishi + K.Associates, Rie Nishida, Steven Holl, Cayetana Nicanor, Inigo Bujedo Aguirre, Mario Botta, Elisiana Di Bernardo, Gaetano Pesce, Gulia Tosciri, Mario Bellini Architects, Raffaele Cipolletta, Dion Neutra, Galerie Patrick Seguin, Eva Dalla Venezia, Arata Isozaki & Associates, Chiaki Tanaka, Julien De Smedt as well as Zeev Aram Shop, Vitra, Vitra Design Museum, Wright, Knoll Inc., Riva 1920, Carl Hansen & Søn, Emeco, Heller, Poltrona Frau, Tecta, Cassina, Magis, Moroso, Horm.it, VS, Deutsche Bank. Last but not least to Lee Ripley, Tiziana Lardieri and Pierre.

CHAIRS BY ARCHITECTS by Agata Toromanoff
Published by arrangement with Thames & Hudson Ltd, London,
Chairs by Architects ⓒ 2016 Agata Toromanoff/Fancy Books Packaging
Designed by Karolina Prymaka
This edition first published in Korea in 2016 by Spacetime, Seoul

Printed in China by Everbest Printing

건축가들이 디자인한 의자들

초판 1쇄 2016년 8월 25일

저자 : Agata Toromanoff
역자 : 최다연
발행인 : 김기현
발행처 : 시공문화사(Spacetime)
출판등록: 1993년 3월 12일
주소: 서울시 서대문구 독립문공원길 13 (03733) 극동프라자 5층
전화: 02) 3147-1212
팩스: 02) 3147-2626

http://www.spacetime.co.kr
mail: spacetime@korea.com

편집: Design Battery

ISBN: 978-89-5592-350-6

정가: 18,000원